CHENGDU

成都社区微更新

探索与实践

中共成都市委城乡社区发展治理委员会
成都市规划设计研究院 著

中国建筑工业出版社

编委会

前言

FOREWORD

一座城市的美誉度，不仅体现在它的高度，更应体现在它的温度。社区，承载着城市的烟火气、生活味、归属感，是人们感受城市温度的最佳尺度。

从市民生活的普遍规律看，大部分市民基本生活需求主要集中在以居住地为圆心、以一定距离为半径的生活圈内；从城市工作的一般规律看，城市发展的宏观战略，最终还是需要在微观单元中予以落实；从社会治理的基本规律来看，随着城市管理体制改革的深化和城市管理重心的下移，社区在城市管理服务、凝聚居民群众、化解社会矛盾、建设和谐家园中的作用越来越重要。不论从何种视角观察，社区对于城市都具有十分重要的意义。

对于“天府之国”成都来说，追求安逸、享受巴适（四川方言，意为舒适）是生活在这座城市的人们与生俱来的文化基因，社区仿佛就是这座城市最令人心驰神往的核心吸引。2017 年，成都市召开了城乡社区发展治理大会，明确提出加快转变超大城市发展治理方式，探索构建国家中心城市治理体系，努力建设高品质和谐宜居生活社区。同时，成都率先在市和区（市）县两级党委序列设立城乡社区发展治理委员会，将社区工作上升成为一项重要的城市工作，社区对于这座城市的意义可见一斑。在此之后，以《成都市城乡社区发展治理总体规划（2018—2035 年）》为代表的规划先行，以《成都市社区发展治理促进条例》为代表的法治保障，以《关于实施幸福美好生活十大工程的意见》为代表的政策支撑，都表明成都市城乡社区发展治理工作已经起势成型。

当这项工作步入“深水区”“无人区”后，叠加成都城市快速发展所带来的精细治理需求，如何促成更多“发展带动治理、治理促进发展”的良性循环，进而催生更多发生在居民身边可感可及的积极变化，成为若干亟待解决的重要问题之一。

在成都建设践行新发展理念的公园城市示范区时代命题下，成都为推动高质量发展、高品质生活、高效能治理充分结合，探索出城市更新与社区发展治理融合推进的实践路径。在这项独具特色的成都实践中，以城市更新为主要手段的空间治理和以社区发展治理为主要手段的社会治理耦合驱动、相融共促。以城市有机更新为出发点、在社区发展中“以事聚人”，以城市有机更新为载体，“聚人成事”提升社区治理效能，一个城市有机更新与社区发展治理的良性循环就此建立。

落实到成都大大小小的社区，这项工作的名称就是这本书的主题——社区微更新。

近年来，成都市为大力推动社区微更新活动的系统开展与落地，做了不少努力。大力推动社区规划师制度、增设社区规划设计专项经费、对优秀的社区品质提升项目给予奖励等举措，促使成都涌现出一大批优秀的社区微更新项目实践。2019 年，社区微更新专项行动出台，更加激发了社会各界参与社区微更新的热情，一年一度的社区微更新创意项目竞赛活动吸引全市大量社区参与，形成了广泛的影响力和美誉度。全市 3039 个城乡社区在居民“家门口”打造实施了 4140 个社区微更新项目，其中市级示范项目 1035 个，新都新桂东社区微更新项目已被纳入 2020 年住房和城乡建设部共同缔造示范点。社区微更新已成为社区居民备受欢迎和肯定的民生工程，第三方测评结果显示社区居民满意度达 98%，中央、省、市等多家媒体，对成都经验进行了宣传和推广，基本实现了“城市有变化、市民有感受、社会有认同”的目标。

目前，成都市社区微更新的实践犹如星星之火，其覆盖广度、项目实施质量、社会参与度等方面均取得了较好的成效。本书则是通过总结成都社区微更新的实践经验，凝练形成可推广可复制的经验做法，以期为后续全市乃至全国社区微更新工作的开展提供有益借鉴。

目 录

CONTENTS

玉林四巷
爱转角主题文创街区
YULIN 4 LANE
CORNER WITH LOVE
CULTURAL & CREATIVE
BLOCK

第一章

时代背景下的社区微更新

- 齐心合力的共同选择
- 社区微更新探索的四个维度

1.1 齐心合力的共同选择

1.1.1 社区微更新是新型城镇化阶段城市精细化治理的工具

2012 年，党的十八大报告首次提出“社区治理”概念，指明了社区建设的方向、原则和任务。十八届五中全会指出要“加强和创新社会治理，推进社会治理精细化，构建全民共建、共享的社会治理格局”。2015 年，中央城市工作会议提出政府要创新城市治理方式，特别是要注意加强城市精细化管理。2017 年 6 月，中共中央、国务院出台《关于加强和完善城乡社区治理的意见》，明确提出“城乡社区是社会治理的基本单元”，要求构建“基层党组织领导、基层政府主导的多方参与、共同治理的城乡社区治理体系”。党的十九大和二十大相继提出“打造共建共治共享的社会治理格局”，“完善社会治理体系，健全共建共治共享的社会治理制度”。国家从制度层面框定了城乡社区治理体系的建设路径，强调城市精细化治理是城市社会走向稳定的基础。城市由管理走向治理，意味着城市由目标导向转为过程导向，由主要以自上而下的城市干预转向自下而上的参与式城市治理，注重不同利益群体的参与，赋权于个体或社区，也是城市更加民主、公平等价值的体现。

国家“十四五”规划和 2035 年远景目标纲要提出，加快转变城市发展方式，统筹城市规划建设管理，实施城市更新行动，推动城市空间结构优化和品质提升。围绕城市更新这一战略目标，国家层面出台多项政策文件，要求全面推进城镇老旧小区改造，坚持以人为本，把握改造重点，重点改造完善小区配套和市政基础设施，提升社区公共服务水平；扎实有序推进城市更新工作，推动城市高质量发展，明确城市更新底线要求，创新城市更新可持续实施模式，坚持“留改拆”并举、以保留利用提升为主，鼓励小规模、渐进式有机更新和微改造。经过高速城镇化发展，我国城镇化水平已经超过 60%，城镇化发展进入下半场，城市更新也抛弃了大拆大建，转向对存量的提质增效阶段。当城市存量更新渐渐“常态化”，特别是在消费群体更替、疫情等各种影响下，城市更新的步伐进入加速阶段。社区微更新相比传统大拆大建的更新改造，是城市精细化治理的工具，精细化治理也使微更新更具价值理性，通过社会参与形成更具人文关怀的城市治理模式。

四川省城镇化正处于加快推进期，常住人口城镇化率已经超过 58%，正迈入全面提升质量的新阶段。为促进城市发展从大规模增量建设转为存量提质改造和增量结构调整并重，四川省将深入实施城市更新行动。自 2018 年开始，四川省委省政府发布《关于进一步加强和完善城乡社区治理的实施意见》，提出全面提升城乡社区治理法治化、科学化、精细化水平和组织化程度。2021 年 12 月发布的《四川省“十四五”城乡社区发展治理规划》是全国首个在省级层面以发展和治理为主题的规划，基于新型城镇化战略视角同步规划社区空间布局和发展。“社区微更新”按照循序渐进的城市更新理念，以群众需求和参与为导向，对城市品质不高、长期闲置、利用不足、功能不优的微型公共空间和老旧建筑进行改造提升，推动城市存量空间的活化与利用，唤醒城市文化记忆。具体推进过程中聚焦城镇老旧小区、老旧厂区、老旧街区和城中村更新改造，是四川省真正实现转型发展提质增效的抓手。未来四川省将依托社区微更新实现高起点规划、片区化布局、项目化实施的形态更新；不断深化生态换新，实现社区公共区域全域景观化，解决“脏、乱、差、破、暗”等问题；稳步推进业态更新，合法利用城乡社区小微闲置空间、低效用地和“金角银边”空间资源；达成文态塑新，推动社区美化营造，彰显生活韵味。同时建立“社区 - 街区 - 小区”的社区规划师制度，发挥社区规划师发动居民、参与设计、指导建设的专业作用，广泛吸纳居民参与社区规划，增强共建共治共享的自觉性和凝聚力，共创更加舒心美好、安居乐业、良序善治的高质量和谐宜居生活社区。

1.1.2 社区微更新是成都市建设公园城市示范区的重要抓手

根据现在众多城市的探索，“社区微更新”的意义早已突破了把某个角落改造成花园的局限，拓展更多可能性。比如，北京在老城胡同中进行社区营造实验；上海提出“街道是可漫步的、建筑是可阅读的、城市是有温度的”。“微更新”既是空间改造，也可以是市民生活方式的重塑。而对于成都而言，社区微更新并不仅仅是单纯的空间治理方式。2018 年 2 月，习近平总书记考察调研成都时强调要突出公园城市特点，把生态价值考虑进去。2020 年 1 月，习近平总书记在中央财经委员会第六次会议上提出支持成都建设践行新发展理念的公园城市示范区。2022 年 2 月，国家发展改革委、自然资源部、住房和城乡建设部联合印发《成都建设践行新发展理念的公园城市示范区总体方案》，成都市开始了从公园城市“首提地”到“示范区”的探索与角色转换。但与此同时，人民群众对生活品质和环境质量的要求也在不断提高，为此，成都市发布《成都市社区发展治理促进条例》，出台《成都市未来公园社区规划导则》，持续开展“社区微更新”行动，推动城乡社区转型升级和提质增效的同时，支撑公园城市示范区建设，这是公园城市建设的动力源之一。成都的社区微更新以“优形态、增活力、显魅力”为导向，实施绣花功夫的社区微更新、街巷微循环，加强存量土地复合利用，有机植入科技、文化、生态、生活等场景，开展“社区空间品质提升行”以实施社区微更新，打造社区美空间，活化利用社区“金角银边”，促进美学运用与社区建设有机融合。不仅如此，社区微更新的对物质空间层面的修缮改造和非物质层面的治理营造，实现了“硬件”和“软件”的两手优化，统筹各种要素和资源营建公园城市“人城境业”的融合共生。同时，伴随着公园城市示范区建设对城市瘦身健体的要求、对尊重生态本底和历史文化的要求，社区微更新在物质层面的行动特别强调低影响、小范围。相比之下，社区微更新在非物质层面的作用发挥空间则越来越大，比如促进社区居民融合、挖掘历史和文化、完善治理体系等，社区微更新能直接为民众提供参与自治的渠道，创造亲手缔造家园的机会。基于此，社区微更新项目往往代表着居民最真实迫切的诉求，是“自下而上”的更新诉求，能发挥“四两拨千斤”的作用。

1.2 社区微更新探索的四个维度

《美国大城市的死与生》一书中提到：“设计一个梦幻城市很容易，然而建造一个活生生的城市则煞费思量。”以前的老社区常给人“好邋遢、好挤、好危险”的直观感受，这些“日常情况”随处可见，虽然也有人反馈，但是受空间、成本等条件的限制，大拆大建在老旧小区往往很难实施。久而久之，这些“日常”便成为越来越多居民生活中的“通病”。“社区微更新”应运而生，它很像医学上的“微创疗法”是一种以人为本的“空间重构”，它聚焦群众需求，重视居民参与，强化资源统筹，集中力量对社区内品质不高、长期闲置、利用不足、功能不优的微型公共空间和老旧设施进行改造，以满足居民对美好生活的向往。社区微更新本身是一种十分常见的更新活动，但系统谋划和开展的社区微更新实践在国内整体尚处摸索阶段。

时光回溯到 2018 年，成都市规划设计研究院和玉林街道进行了一场浪漫的“约会”，饱有情怀地参与玉林街道社区规划师全球招募，激情澎湃地参与青春岛社区微更新实践，不断深化理论研究，总结国内外先发地区的社区微更新经验，深入开展成都市社区微更新的特征识别、调研方法、系统谋划、参与机制等方面的探索，并以星火燎原之势迅速在成都铺开社区微更新的全面实践。本书结合工作历程进行总结，形成社区微更新探索的四个维度，形成了一套可参考、可复制的社区微更新实践经验。

一是深入开展理论研究，完善社区微更新特征识别。与城市改造、城市更新、有机更新等概念相比，社区微更新是在社区小微尺度的建成空间中组织范围尺度较小、实施灵活、周期较短且投入成本较低的建筑修缮、环境提升、事件重塑等活动。从 2010 年以来结合具体实践的社区微更新研究从无到有并且迅速增加。本书在此基础上，从学术研究和实践工作两个角度总结分析社区治理、城市更新等大背景下社区微更新的最新研究成果，对社区微更新的概念、特征及其发展脉络进行系统梳理，形成相对完整社区微更新的理论研究，并结合社区小微公共空间和老旧建构筑物等物质空间场景现状情况，从空间、服务、文化、产业等全要素着手，确定社区微更新的主要对象。

二是广泛收集成功案例，借鉴社区微更新先进经验。社区微更新起源于日本兴起的“社区营造”，不再单纯地强调物质空间的优化，而是更加注重凝聚社区精神，更加突出参与式更新。本书在相关理论研究的基础上，借鉴英国、美国、日本、新加坡的社区营造以及北京、上海、广州等地参与式社区微更新的实践探索，总结各城市在人居环境整治、公共空间改造、交通环境提升、多元治理模式等方面的社区微更新实践经验。

三是聚焦项目落地实施，形成社区微更新系统谋划。社区微更新需要进行详细的调查和分析，本书结合社区微更新的特色，从众多调研方法中选取适合的问卷调查、座谈调研等，并结合大数据分析挖掘微观尺度居民行为规律中的优缺点和差异性，形成一套调研方法工具箱，指引各类情景下的社区微更新调研工作。社区微更新不能完全凭空生成，本书从社区规划设计视角开展社区微更新的顶层设计，形成顶层设计和详细设计两个维度的更新策略，围绕老旧建筑、公共空间、街道空间等社区微更新的重点领域，提出场景营造路径和设计手法。社区微更新参与主体更加多元和复杂，本书结合社区微更新全流程的工作重点，充分挖掘各类参与主体的更新诉求，引导形成政府、企业及居民等多元主体参与的社区微更新多元参与机制，实现社区微更新的可持续运维和成效凸显。社区微更新工作的开展需要有针对性地指引，本书围绕社区微更新“规划—设计—实施—运维”四个阶段，对社区微更新工作的总体技术路线、各阶段工作内容、工作方法、工作流程、角色定位进行了提炼，总结了一套社区微更新的工作方法，为后续社区微更新工作的开展形成指导和借鉴。

四是打造成都社会治理名片，推广社区微更新成都实践。在成都市大力推进城市有机更新的背景下，本书充分结合成都社区微更新实践发展历程、社区微更新专项行动的出台、年度社区微更新创意项目竞赛活动等领域取得的成绩（图 1-1），选取其中具有代表性的社区进行总结分享（图 1-2）。

2019年·成都
首届“美丽社区·共建共享”社区微更新
获奖项目集锦

图 1-1　2019—2021 年成都市社区微更新活动

图 1-2　2022 年成都市“幸福生活 · 美好社区”社区微更新项目竞赛一等奖：天祥滨河路段微更新项目

第二章

社区微更新的特征识别

- 缘起和发展
- 框定社区微更新靶向

2.1 缘起和发展

2.1.1 城市治理的细胞末端：社区

“社区”最早是由德国著名社会学家斐迪南·滕尼斯（Ferdinand Tonnies）提出，后由美国社会学家罗伯特·帕克（Robert Paker）在燕京大学演讲时引入中国，由费孝通等将其翻译成社区。社区较为学界接受的含义是指聚居在一定地域里的人们结成的多种社会关系和社会共同体，包括社会主体、特定地域、特定服务、特定文化意识。其中社会主体是指一定规模的具有特定社会关系的共同生活的人群；特定地域是指一定的社会活动交往场所，一个相对稳定的地理空间；特定服务是指有满足人的不同需求的服务设施以及活动与相互关系；特定文化意识是指生活方式、行为规范、场所地域感与文化归属感。

自 20 世纪 80 年代以来，全球范围内掀起了一股治理模式变革，希望在政治力量和市民社会之间建立合作互动的良性关系，这种变革是在整个社会层面上重新界定政府的职能与角色定位，实现政府与市民社会之间关系的根本变革。中国的发展从经济主导过渡到经济、社会、生态共同主导的阶段，社会治理也上升到了政策层面，社区作为城市最基本的单元逐渐受到重视。对于社区治理，主要是指政府、社区组织、居民及辖区单位、营利组织、非营利组织等，基于市场原则、公共利益和社区认同，协调合作，有效供给社区公共物品，满足社区需求，优化社区秩序的过程与机制。在实际运用中，主要集中在社区范围内公共事务的治理，重点着眼于城乡人文和空间单位，是以社区发展为目标，以社会参与为基础，采用“自下而上”和“自上而下”方法相结合的社区行动过程和成果。

2.1.2 城市进阶的迭代方式：更新

城市更新源于“二战”后西方的城市改造运动，在 1958 年荷兰组织的“城市更新研讨会”上被首次提出，最初的定义为“改善提升城市的建设活动”；20 世纪 50 年代后，“城市再开发”“城市复兴”“城市振兴”等城市更新的相关术语也相继被提出；2000 年英国《城市更新手册》中认为城市更新能够较为广泛、全面地引导城市中遭受变化地区的经济、社会及物质环境方面的持续改善；国内学者吴良镛（20 世纪 90 年代）认为城市更新是“有机更新”指导下的“保护与发展”，应该尊重城市历史、顺应城市肌理，采用适当的规模、合理的尺度，严格制定改造内容和要求，主要目标是对城市历史环境的有机更新。进入 21 世纪，阳建强（2012 年）认为城市更新的主要目的在于防止、阻止和消除城市衰退，并通过调整城市功能结构、改善城市物质环境、更新城市基础设施等手段，增强城市活力，使城市能够适应经济和社会发展需求。

国家层面及国内不同城市也针对城市更新进行了深入探索，“城市更新”概念在 2019 年 12 月的中央经济工作会议上被首次强调提出；2020 年 10 月党的十九届五中全会上明确提出实施城市更新行动，城市更新首次被写入国民经济和社会发展五年规划；2021 年 11 月住房和城乡建设部发布《关于开展第一批城市更新试点工作的通知》，明确开展第一批城市更新试点工作，并确定北京等 21 个城市作为第一批城市更新试点。地方层面，2020 年以来，各地基于前期实践，因地制宜构建城市更新政策体系，北京、上海、广州、深圳、成都、重庆、青岛、珠海等地相继发布城市更新法规和政策，均对城市更新的概念作出了具体界定。

北京明确提出城市更新是针对城市建成区内城市空间形态和城市功能的小规模、渐进式、可持续更新；上海将在城市建成区内持续开展的基础设施和公共设施建设、城市空间格局和城市特色风貌塑造等改善城市空间形态和功能的活动视作城市更新；广州则围绕“三旧”、棚户区和危破旧房改造，对低效存量建设用地进行盘活利用以及对危破旧房进行整治、改善、重建、活化、提升；深圳重点针对城市建成区内环境恶劣或存在重大安全隐患、现有土地及建筑物使用功能或资源能源利用明显不符合经济社会发展要求、影响城市规划实施的区域开展城市更新。成都市发布《成都市城市有机更新实施办法》，将城市有机更新与公园城市建设、TOD 综合开发及产业建圈强链等城市战略有机融合，优化完善城市空间形态和功能，全面优化产业结构、提升环境品质并推动文化传承。

虽然城市更新在学术研究及政策目标中有所差异，但总体来看，城市更新主要包括目的、范围和方式三个方面的内容。城市更新的目的在于提升城市功能及优化城市空间形态，不仅局限于改善公共设施环境，还包括延续历史文脉、提升城市风貌、优化产业结构等多维度目的。城市更新的范围主要针对城市建成区内的历史城区、老旧小区、旧工业区、旧商业区、老旧楼宇、城中村等城市空间形态和功能区，各个城市根据其实际情况和切实需要有所差别。城市更新的方式，包括通过对城市空间形态和功能区的整治、改善、优化或拆除重建等进行一系列的建设活动。

2.1.3 发展与治理的有机融合：社区微更新

随着经济、社会的发展和变化，物质环境与社会网络的更新都进入了更缓慢、谨慎的阶段，以小型社区公共空间为主体改造对象的局部微更新成为提高社区活力、空间品质的新方式。从国际经验看，衰败越严重，更新的难度越大、成本越高，微更新策略对于改善初显衰败迹象的社区物质空间环境、激发社区生机和活力至关重要，社区微更新就是从细小的地方入手进行除旧布新，使之焕然一新，换言之就是通过“小手术”激活整片区域的活力。

相比传统城市更新，社区微更新具有空间尺度微、实践投入微、导向切入点微的特点。“空间尺度微”是指微更新往往是小广场、小公园等微小空间的更新，以公共空间和服务设施功能更新为主，不涉及用地性质的变化；“实践投入微”是指更新改造基本投入小，使得实践本身具有更低的准入门槛；“导向切入点微”是指微更新往往是从问题出发，提供临时策略，解决微小需求，实现微小的功能完善。但社区微更新也具有小中见大的特点，包括创意、创造、制作、服务、管理和运营在内的一系列策略的整合。

（1）国内外发展历程

20 世纪 40、50 年代西方国家以大规模推倒重建为主，旨在振兴战后城市经济和解决住宅匮乏问题，包括贫民窟清除和城市中心区重建；20 世纪 60—80 年代不再一味拆除重建，开始注重提高现状房屋建筑质量和环境质量，并引入公共福利项目以提高社会综合服务；20 世纪 90 年代至今，逐渐强调人本化、可持续和综合性，高度重视人居环境改善，关注社区历史价值的保护和生态安全的维护，在尺度上开始重视小规模社区改造，在方式上推动政府、市场、社区居民等多元主体合作。

我国的社区微更新发展进程大概分成四个阶段。第一阶段是新中国成立初期至改革开放，在苏联模式和单位制的背景下，居住大院形成社区的主流发展模式，主要针对城市社区展开物质空间层面的修复和建设。第二阶段是改革开放至 20 世纪末，经济转型使得单位制解体，随着 1991 年政府提出将社区服务体系纳入社区建设中来，社区的概念得到强调，有机更新理念也在菊儿胡同的社区更新中得到实践应用。第三阶段是 21 世纪前十年，在政府开始关注城市更新的背景下，社区作为促进居民融合、保护历史文化、实现社会公平公正的基本单位，自下而上的社区更新需求开始出现，非物质层面的多元综合性社区更新不断深入。第四阶段是 2010 年至今，受到国外社区更新建设思潮影响，以及落实国家层面提出社会治理的要求，人本化和可持续的社区更新在国内多个城市得到广泛探索，社区微更新也向小规模渐进式的可持续模式转型发展。

（2）国内外研究进展

2015 年起，以“社区微更新”为主题的研究文献量开始进入快速增长期（图 2-1），

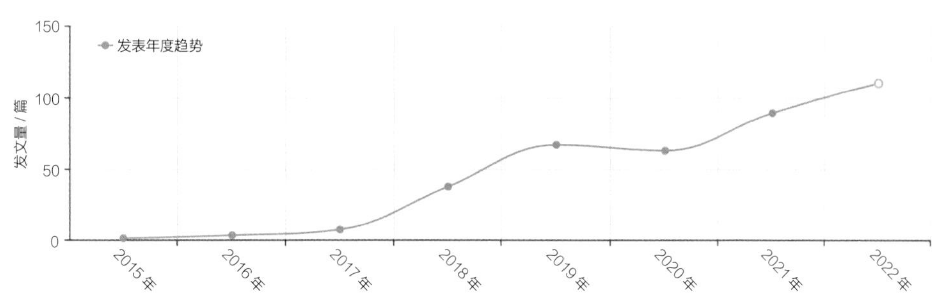

图 2-1　主题为“社区微更新”的相关文献量统计（截至 2022 年底）

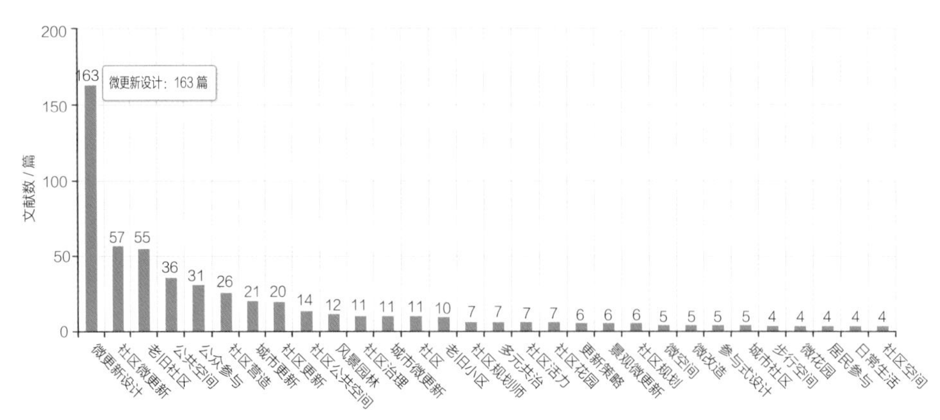

图 2-2　社区微更新相关文献关键词统计（截至 2022 年底）

相关研究的关注重点主要集中于“社区微更新设计、公共空间、微改造”等项目行动、“公共参与、社区营造、社区治理”等制度环境以及“参与式设计、日常生活、社区空间”等空间行为研究三个方面（图 2-2）。

项目行动方面，韩国甘川洞文化村分析了艺术介入的环境美化，通过公共空间的设计，重塑了社区居民的归属感，提高了居民自组织营造社区的积极性，实现社区复兴（图 2-3）。日本东京谷中地区鼓励利用社区闲置空间，将空地改造成社区花园或菜园，鼓励居民在阳台或窗前种植植物，以改善居住环境，促进邻里间的交流合作。加拿大蒙特利尔在社区微更新中注重保护历史文化遗产，通过修复古老建筑和打造历史文化展览，提升社区历史文化底蕴和旅游吸引力。国内各城市结合自身特点开展社区微更新项目，如北京地瓜社区基于人群诉求，将社区闲置的地下空间改造成为居民文化、娱乐等活动场所。上海长宁仙逸社区围绕绿化营造、优化慢行系统、激活公共空间等方面制定社区空间微更新策略。武汉六合社区通过业态升级焕新公共空间，保留具有传统文化特色的商铺业态，增加并规整户外摊位；广州旧南海县社区秉承“一街一品牌”“一社区一特色”的设计理念，深入挖掘老建筑文化底蕴，打造具有文化展示与观光休闲功能的文化创意社区。厦门营平片区从产业角度出发，以引导新产业植入与低端产业升级，激发社区内各群体参与式介入，推动社区的全面改造。

图 2-3　韩国甘川洞文化村社区微更新实景

制度环境方面，英国社区更新以降低成本为目的，鼓励公众参与，将社区建设列为政府的经济发展规划（图 2-4）；美国“社会建筑”更新模式通过调整规划角色、完善政策制度和建构多元组织来实施社区更新发展（图 2-5）；德国的社区微更新以闲置公共空间的微更新方式为主，其实施机制灵活，既可借助政府主导的邻里管理规划，也可通过第三方引领实施。国内城市中，上海围绕多元主体参与，创新探索社区规划师制度，并于 2015 年成立“上海城市公共空间设计促进中心”，在全市范围内专门推进“微更新计划”；广州围绕社会组织制度建设，引入社区规划师和社会非营利公益组织，建设社区工作坊，按照网格化社区单元推行“微改造”工作；重庆围绕专业技术下沉社区，引导专业机构与社区“结对”，建立“三师进社区”（规划师、建筑师、工程师）工作平台，为推动社区微更新提供专业化力量。

空间行为研究方面，在传统的定性研究基础上，新兴的定量与定性相结合的空间行为耦合研究得到了迅速的发展，如美国利兹大学在“真实规划”项目中利用公众参与地理信

图 2-4　英国可茵街社区微更新实景

图 2-5　美国富尔顿街实景

息系统（Public Participation GIS，简称 PPGIS）平台，让公众参与重建斯雷斯怀特社区；国内学术研究中，柴彦威提出了面向规划应用的居民时空行为研究框架，通过大数据分析居民的行为特征，来挖掘居民的精准化需求，以推动社区微更新精细化；龙瀛提出通过集合智能感知技术，基于多源感知数据发掘公共空间的特征、规律及其内在影响机理，应用于老旧社区摸底排查、空置房屋识别、公共空间转型发展评估等方面。

2.2 框定社区微更新靶向

通过回溯社区微更新的发展历程和主要特征，可以发现社区微更新包括精细化空间治理和人文化社会治理，总结社区微更新在项目行动、制度环境和空间行为等方面的研究进展，确定本书中的社区微更新“对象”，即以社区为基本单元，以居民需求为导向，既包括社区居民“家门口”的绿地广场、街道空间、老旧建筑、老旧设施等物质空间载体，也包括附着在社区物质空间载体上的服务、文化、产业等其他非物质要素。

物质空间对象构成从设施与功能、空间与交往、生活与生态等角度出发，涵盖点位空间、线形空间、面域空间（图 2-6 ~图 2-9），点位空间包括雕塑小品、建筑楼体、公共设施等空间，重在强化交互功能、提升空间品质、彰显文化内涵；线形空间包括街道空间、滨河空间、带状绿地等空间，重在完善交通组织、提升界面形象、营造生活场景；面域空间包括居住区、商业商务区、产业园区等空间，重在强化安全治理、完善配套服务、美化空间环境。

内涵特征方面，社区微更新包括项目行动圈层和制度环境圈层两个圈层。项目行动圈层是有关宜居功能的具体行动，包括住区功能改善、住房维护和功能提升、公共设施优化、交通组织优化及户外环境提升等方面。制度环境圈层是项目行动得以实现并决定其成效走向的制度环境、各类主体及关系组织架构，涉及政府、社区、居民、市场和其他机构等方面，对于社区微更新能否普及和成功至关重要。

全要素营造	典型对象	工作重点
点状空间	雕塑小品 建筑楼体 公共设施	强化交互功能 提升空间品质 彰显文化内涵
线形空间	街道空间 滨河空间 带状绿地	完善交通组织 提升界面形象 营造生活场景
面域空间	居住区 商业商务区 产业园区	强化安全治理 完善配套服务 美化空间环境

图 2-6　社区微更新的研究对象体系构成

图 2-7　点位空间示意

图 2-8　线性空间示意

面 2-9　面域空间示意

文创馆

第三章

社区微更新的“他山之石”

- 伦　　敦：东区创意“硅谷”
- 纽　　约：“东纽约邻里计划”
- 东　　京：谷中地区社区营造
- 巴塞罗那：“都市针灸”
- 上　　海：“缤纷社区”
- 深　　圳：“趣城计划”
- 广　　州：永庆坊
- 小　　结

社区微更新作为一种从微观处着眼、有助于提升城市治理水平和城市居民生活水平的更新方式，自 20 世纪末以来，伦敦、纽约、上海、广州、深圳等国内外各大城市便针对自身特点纷纷开展了多种实践。主要集中在人居环境整治、公共空间改造、功能业态升级、交通环境提升、多元治理模式构建等方面。

3.1 伦敦：东区创意“硅谷”

作为城市更新思潮的发源地之一，长期以来，伦敦坚持以更新的方式推动城市建设。进入 21 世纪，随着英国城乡规划向可持续社区建设的进一步聚焦，社区在城市更新中扮演的角色也愈发重要。英国政府在 2011 年通过了《本地化法案》（Localism Act），赋予地方政府更多的自由和灵活性，同时在规划体系中正式引入社区规划环节，为自下而上的社区微更新提供了政策依据。位于伦敦东区的社区微更新，就是一个典型的例子。

（1）基本情况

伦敦东区曾经是伦敦的欠发达地区。19 世纪初，西印度公司码头、伦敦码头等新码头在这里开建，航海业随之发展，进一步发展起来的是造船业、酿造业、炼糖业、面粉业、纺织业、建筑材料业和火柴制造业等传统工业。由于产业自身因素和其他诸如土地所有权、行政管理方式和城市基础设施等问题，以上传统产业在 19 世纪后期开始逐渐衰落。同时伴随着伦敦整体内城衰退以及 20 世纪 80 年代起伦敦泰晤士河畔码头区的没落，伦敦东区陷入衰败。在居民强烈的更新诉求和政府的引导下，伦敦东区以社区微更新为抓手，实现了物质空间的改善与片区业态的全面升级。

（2）微更新发展历程

总体而言，伦敦东区的微更新历程可以划分为三个阶段。

第一个阶段是 1980—1990 年，通过对公共空间艺术化创作，塑造区域文化氛围、美化社区环境，由此引发社区功能业态更新，从而焕发新的活力。凭借片区内大量闲置厂区、低廉租金、便利交通吸引大量艺术家在此创业，艺术家的进驻为东区带来了社区微更新的种子。同时，政府也适时在政策上推动社区文化氛围更新，伦敦东区是最早实行涂鸦合法化的区域（图 3-1），

图 3-1　伦敦东区街上的涂鸦

在政策引导下，全球的艺术家纷纷前往东区。各社区通过功能置换、外观改造等微更新手段，改变了人们对东区的认知，一些更受年轻人欢迎的业态（如环境优美的餐厅、棒球俱乐部、摇滚音乐节等）纷纷入驻。

第二阶段为 1990—2000 年，伦敦东区在上一阶段更新成果的基础上，进一步针对市政设施进行更新，并对片区业态进行了更新引导。伦敦东区早期自下而上的艺术化更新，吸引了大量的年轻人聚集。为了匹配各类人士生活和工作的需求，政府也围绕诸如道路、管线等老旧基础设施展开更新与改造工作，以提升社区的承载能力。在政府的整体统筹下，一批新锐设计师开始把工作室搬到伦敦东区，时髦公寓、艺术展览馆，以及设计师经营的“潮牌店”等也逐渐入驻，服务于文化创意人群的酒吧、餐厅、咖啡馆等生活配套开始增长（图 3-2）。多种类型业态的发展使得区域的环境面貌有了多元化的体现，更多具有“新旧结合”设计感的建筑外观呈现出来。至2000年初，伦敦东区从形象到内容，真正地完成了一次更新。

第三个阶段为 2008 年至今，伦敦东区的微更新进入到孵化新兴业态、带动片区整体业态转型升级的阶段。2008 年金融危机的爆发，给伦敦东区带来了巨大冲击，但同时

图 3-2　伦敦东区的时髦公寓

也孕育了如互联网、商业快闪店等新业态。互联网初创企业在此开始聚集，为了适应新兴人才的涌入，伦敦东区的公共活动空间开始了以适宜交往、休闲和迸发创意为主旨的微更新行动。比如在临时用地上采用“快闪店”的方式打造了全球首家临时购物中心集装箱公园（BOXPARK），其不仅是商业载体，也是各类活动举办地；由知名艺术家达米恩·赫斯特（Damien Hirst）参与设计的烤鸡餐厅 Tramshed，不仅具有浓厚的艺术氛围，其地下室被设置成展览、会议空间；结合建筑物和室外空间“见缝插针”植入的大量社交空间（图 3-3），更是成为各社区的标配。

图 3-3　伦敦东区的消费社交空间

（3）微更新成效

伦敦东区数十年来的社区微更新，始于自下而上的推动，再由自上而下引导得以实现。通过“点状更新”的更新方式、“功能复合”的更新手法，政府、社区企业、居民共同完成了生活环境的改善，推动了片区功能业态的转型升级，吸引了大量产业人口聚集，从而促进了片区能级提升。

3.2 纽约：“东纽约邻里计划”

随着“建设更加可持续和公平的纽约”这一愿景被鲜明地提出，纽约的社区微更新行动开始推进。其中“东纽约邻里计划”是一套涵盖了政策制定、建设引导、公众参与的社区更新方案，对社区微更新的工作内容具有较强的借鉴意义。

（1）基本情况

“东纽约邻里计划”的提出是为了解决因社区衰落和发展的不均衡造成的空间隔离，其研究区域包括纽约东部社区、赛普拉斯山和海洋山的部分地区，涉及社区微更新的主要实践区域为大西洋大道、富尔顿街和皮特金大道的三个东西向的街道。大西洋大道是一条为社区提供基本服务功能的街道，与居民的日常生活息息相关；富尔顿街是一条商业购物街，部分商铺以底商的形式与住宅合建；皮特金大道为住宅区中的一条街道，是居民的“家门口”空间。

（2）微更新主要内容

“东纽约邻里计划”旨在通过政府、居民以及利益相关者的密切合作，促进社区可持续发展。社区微更新的主要内容包括土地的混合使用引导、社区公共空间品质提升、片区创业氛围营造三大方面。

首先是在土地使用方面进行引导。纽约市规划部门为纽约东区的土地利用制定了新的分区提案，允许在主要街道周边进行混合用途的开发以促进社区活力提升（图 3-4）。该提案要求主要街道上的所有新开发项目都应包括非住宅类的底层用途（如商店或社区设施），以创建活跃的、便于行人通行的街道并提供居民所需的邻里服务。

其次是对片区公共空间品质的提升。为提升社区公共空间品质，提升公共空间的吸引力，纽约一方面通过增加公共活动场所来创造社区文化活动，将空置的建筑物进行功能转化，如将宾夕法尼亚大道的一个社区中心更新改造为能够为社区居民提供各种娱乐、学术和文化活动的场所，同时鼓励空间的共享，将学校的操场在非上课时间向公众开放，为居民积极的生活和娱乐提供场所空间。另一方面通过改善社区公共空间的基础设施来提升公共空间的品质：一是通过拓宽人行道，增加街道家具，来改善街道景观；二是在主要街道上提供免费的公共 Wi-Fi，来提升信息服务；三是原则上在有条件的道路上设置公交专用道，进一步提升居民的通勤体验。

最后是对社区创业氛围的营造。纽约政府基于对片区主要商业型街道进行的商业需求评估，发布“360° 社区计划”全面提高当地零售类型的适配度。与此同时，政府还在纽约东部地区建立职业中心（Workforce）作为解决社区居民就业的平台，通过职业中心平台，雇主可获得免费的招聘、法律咨询等服务，求职者可接受技能培训、职业建议和工作安置。

（3）微更新成效

“东纽约邻里计划”的实施，通过改善社区商业、增加公共空间以及升级基础设施等方式，一方面改善了社区的公共空间品质，吸引投资和就业，形成良性循环；另一方面为社区居民创造了交流活动的场所，为社区文化发展提供了空间。

图 3-4　宾夕法尼亚大街实景

3.3 东京：谷中地区社区营造

东京的社区更新起源于 20 世纪 60 年代，是针对高速发展背景下传统城市开发模式对社区生活、文化环境的破坏而兴起的。经历了数十年的发展，其内涵逐渐演变为官、民、产、学多元结合，以改善居民生活品质为宗旨的“社区再造行动”，谷中地区是在历史地段开展社区微更新的代表。

（1）基本情况

谷中地区位于东京都台东区的西北部，交织的坡道和绿地、窄而长的小巷、高密度的小房屋以及被围墙环绕的开敞空间是其典型特征（图 3-5）。由于日本街道两侧的建筑高度与街道宽度密切相关，而寺庙和神社等历史古迹受国家严格保护，因此谷中地区在城市

图 3-5　谷中地区社区街道实景

的再开发中避免了大规模拆旧建新与高强度开发建设。社区微更新在其中扮演了非常重要的角色，也为片区保留下了很多历史和文化记忆。

（2）微更新主要内容

20 世纪 80 年代起，谷中地区在保护地域特色的宗旨下开始社区更新活动，随着居民自组织逐渐壮大，形成了独特的以居民为主体的社区微更新方法和逻辑。当地居民与城市工作者根据兴趣自发建立“谷中学校”，有别于传统的教育机构，它是以传承地区文化、复兴社区活力为目的的社区更新支援组织，由东京艺术大学师生和社区建筑师、规划师共同运营。在谷中学校的支持下，当地居民将社区老旧建筑进行翻新利用，如将老旧澡堂翻新为现代艺术画廊。仅 1993 年一年，就有 94 个微更新项目在谷中地区有序开展。同时在街道、商店、公园等社区空间以及网络上均有各类项目的说明，帮助参观者在地区内游览（图 3-6）。

进入 21 世纪，谷中地区缔结了《谷中 · 上野樱木地区社区更新宪章》、沿街建筑协定等相关地方性规章制度，明确了地方自治、环境与自然、儿童安全、适老化等社区更新的主题，并推动谷中地区成立了永久的社区营造委员会，来探讨并解决社区发展的相关问题。2003 年，《谷中地区社区营造整备计划书》出台，进一步提出了要针对闲置老旧建筑等物质空间进行活化利用，实现街区的功能更新（图 3-7）。

在谷中地区，空置老旧建筑的活用共有住宅型、商业型、工作室型和共享型四种利用形式，台东区历史都市研究会（为非营利组织）承担了町屋活用项目的核心管理任务。以住宅型房屋为例，由台东区历史都市研究会与旧房屋所有者签订租赁合同，并在合同期内定期付给所有者租金，合同期内台东区历史都市研究会对房屋的修缮经营负责。通常他们会发起其他社会成员（如号召学生、志愿者等社会力量）共同进行房屋的修缮与结构检修，需要进行大型工程的由不动产会社做出施工方案并实施；整修工程结束后经由台东区历史都市研究会将房屋转租给新用户或管理公司，投入新功能的使用。

（3）社区微更新成效

通过多年的微更新实践，谷中地区建立了完备的社区微更新组织构架，在提升了人居

图 3-6 谷中地区的老旧建筑更新改造为商铺

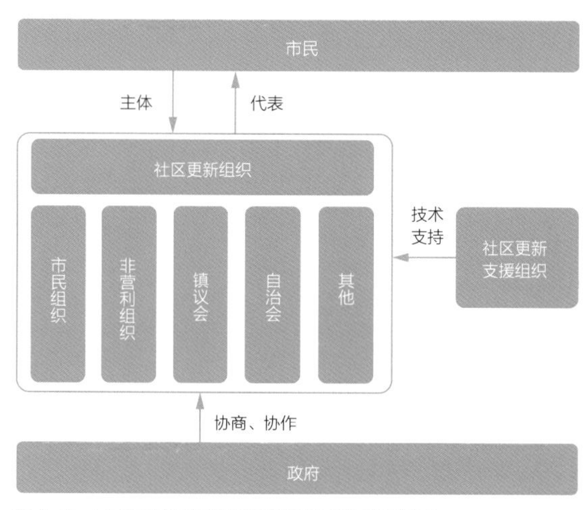

图 3-7 日本社区更新体制的要素组成及相互关系

环境的同时，地区文化得以传承，传统历史建筑得以保护，社区活力得以复兴，居民对社区的归属感与认同感也大大增强。

3.4 巴塞罗那："都市针灸"

自 20 世纪 80 年代开始，巴塞罗那针对老城环境恶化、人口大量流失、城市失去活力等问题，采用了被称为"都市针灸"（urban acupuncture）的更新方式，对城市中的关键空间节点进行微更新，在短期内就改造与新建了上百个不同类型的、富有活力和创造力的城市公共空间，并将这些小尺度的空间连成城市中一个安全、便捷、可以开展多种活动的公共空间网络，从而重新塑造了旧城环境，恢复了老城区的城市活力。

（1）基本情况

巴塞罗那"都市针灸"的选点主要集中在城市公共空间。对于这种小尺度介入的更新方式，若想发挥更大的作用，就要选择影响力较大的区域发力。从城市各个空间的地位角色方面来讲，城市中最具活力的地方就是城市公共空间，它是城市生活的舞台，集中体现了城市的魅力所在。因此，巴塞罗那"都市针灸"的"穴位"，优先选择了小尺度广场、街道、小公园等公共空间。而实践证明，公共空间的提升能有效带动周边建筑环境的自发改善。

（2）微更新主要内容

在巴塞罗那众多公共空间中，"针灸"所选择的区域大部分是废旧的工厂、荒废的缝隙空间，以及使用率低下的小广场等。其典型特征是艺术化，凭借全球艺术之都的名片与众多艺术家，巴塞罗那在对老城区街道、公园和广场的改造中，找准城市特质，就地取材，以"艺术化处理"对小空间进行更新（图 3-8）。将艺术基因外化，邀请世界各地雕塑家，

图 3-8　巴塞罗那小空间艺术化处理

以艺术雕塑为载体空间量身打造，形成近百个节点的景观，使整个城市的视觉环境弥漫着艺术的气息与律动，受到了当地居民和世界游客的广泛认可。

巴塞罗那“都市针灸”的典型案例之一是一处坐落于北部废弃火车站和高密度住宅之间面积不足 $3hm^2$ 的小广场。这里本应为周边居民提供休憩活动的空间，但是因为火车站的废弃，导致了附近居民逐渐搬离，随之而来的是周边四个街区的土地价值下降。之后情况愈演愈烈，由于无人管理和形象不断变差，很长一段时间里，这里甚至沦为了流浪汉聚集的地方，成为周边区域最大的安全隐患。当地政府借助 1992 年巴塞罗那奥运会契机，通过“都市针灸”战略的实施，将废弃的火车站改为乒乓球运动场，并对周边环境进行了美化。其中，站前小广场由建筑师阿瑞拉和克斯塔与美国艺术家培派合作设计，通过“沉落的天空”和“旋转的树林”等大地艺术景观设计，打造了富有艺术气息的公共空间。目前，这一片站前广场承担了展示城市门面的重任，已经成为全市最热门的景观公园之一，吸引大量市民和游客参观打卡（图 3-9）。

（3）微更新成效

“都市针灸”经过多年的实践，塑造了大量的魅力节点。仅在 1989—1992 年，巴塞罗那就改、扩建了 450 个公共空间，人工湖和喷泉的数量增加了 268%，数百个艺术

图 3-9　艺术化改造后的广场

雕塑遍布全城。另外，各个“穴位”节点并不是孤立存在的，如巴塞罗那将全城的艺术雕塑绘制成艺术观光地图，目前已经成为巴塞罗那城市旅游的重要游线之一。经过近 20 年的更新之路，人们有了交往的空间和丰富的场景体验，老城颓败的氛围已经变得充满浪漫和艺术气息。现在的巴塞罗那不仅仅是一个创意观光胜地，更是创新宜居的国际魅力之城。

3.5　上海：“缤纷社区”

2015 年，《上海市城市更新实施办法》的发布标志着上海从“大拆大建”的规模扩张模式转入注重品质提升的城市更新新阶段。为有效推动工作，上海于 2016 年启动“城市更新四大行动计划”，即共享社区计划、创新园区计划、魅力风貌计划、休闲网络计划，推动了一批城市更新示范项目。其中，浦东新区的“缤纷社区”是共享社区计划中的典型案例。

（1）基本情况

2017 年，浦东新区在老旧小区较为集中的内环以内的 5 个街镇，开展了“浦东新区缤纷社区（内城）空间更新试点行动计划”，完成内环内 33km^2、5 个街镇的缤纷社区试点项目，构建 15 分钟社区生活圈，打造富有特色的街道生活，增强市民的感受度、满意度。在此基础上，2018 年按照区委、区政府的工作要求，浦东新区缤纷社区空间行动计划拓展至全区所有 36 个街镇。

（2）工作框架

浦东新区制定了“1+9+1”的工作内容框架，包括“1”个社区规划、“9”项行动和“1”个互动平台。其中，“1”个社区规划以街道为单位，围绕 5 个街道开展区域评估和社区规划工作，完成“一张蓝图”工作安排，对既有设施和空间的提升提供系统性指导，也对尚未开发用地和需要更新改造用地的功能完善提出要求。“9”项行动以街道为单位，选取与居民密切相关的 9 类公共要素更新试点项目，形成 9 项行动，包括活力街巷、街角广场 / 口袋公园、慢行路径、设施复合体、艺术空间 / 广场、林荫道、运动场所、破墙开放行动和文化创意活动策划。“1”个互动平台为“缤纷内城漫步浦东”微信公众号，提高公众参与度。

此外，为体现精细化管理的要求，缤纷社区建设中引入“1+2”技术指导模式，即每个街镇对口 1 位导师和 2 位社区规划师，导师为本市规划、建筑、园林、美术、艺术领域的资深专家，全部由浦东新区政府进行聘任；2 位社区规划师为熟悉各街镇情况的青年规划师。社区规划师将成为规划导师的得力助手，主要担负七大职责，包括对接导师和居民的“联络员”，各方团队的“微智库”，协助组织三会一图的“组织员”，落实具体进度的“节拍器”，整个项目的“记录员”，激发社区治理的“催化剂”和对外窗口的“宣传员”。

（3）微更新典型模式

缤纷社区建设虽是社区小微更新，但参与主体涉及政府和社会的方方面面，包括居民、居委会、专业人士、社会组织、企业、社区代表、媒体、街道、政府部门等九类参与主体，形成“上、中、下”的“三层宝塔结构”。下层的居民、居委会、专业人士、社会组织、企业是缤纷社区建设的具体操作主体；上层的政府部门和街道为缤纷社区建设提供支持；中层的社区代表和媒体起到传导作用。“自下而上”的基层自觉与“自上而下”的顶层设计相辅相成。在具体操作层面，根据不同类型的更新项目采用了不同的工作组织架构，社会组织、专业人士、企业等多元主体均参与其中。

在以社会组织为媒的陆家嘴跑步道花园改造中（图 3-10），2016 年 3 月福山路一家健身房向陆家嘴街道提出利用街道和建筑后退空间建设健身步道，陆家嘴社区公益基金会将其纳入环梅园公园“翡翠指环”整体改造方案，召开翡翠指环概念方案发布会，邀请居民、设计师、专家、政府齐商共议，并提出“政府出一点、众筹一点、基金会筹一点”的资金筹措思路。之后两个月里，基金会深入“翡翠指环”项目相关的多个居民区开展参与式规划宣讲会，并举办了福山路城市更新项目参与式规划沙龙，邀请居民、设计师和专家对方案进行讨论。步道建成后受到居民的好评，根据前期基金会和商户达成的契约，商户承担部分跑步道管理维护的责任，并组织一些健身主题活动。

在以专业人士为媒的塘桥休闲广场改造中（图 3-11），2016 年初，浦东新区规划设计研究院提出倡导后，塘桥文明办、塘桥社区志愿者协会通过社区网站、微信等平台进行了

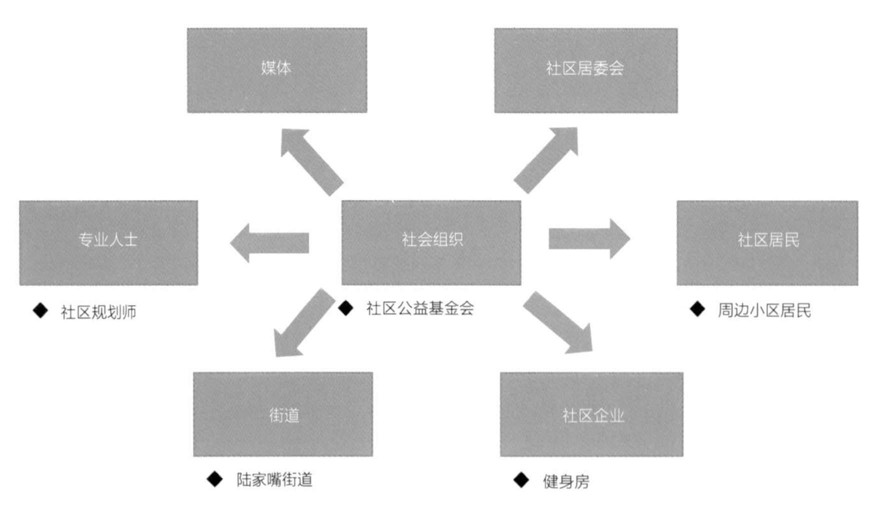

图 3-10　社会组织为媒的模式解析

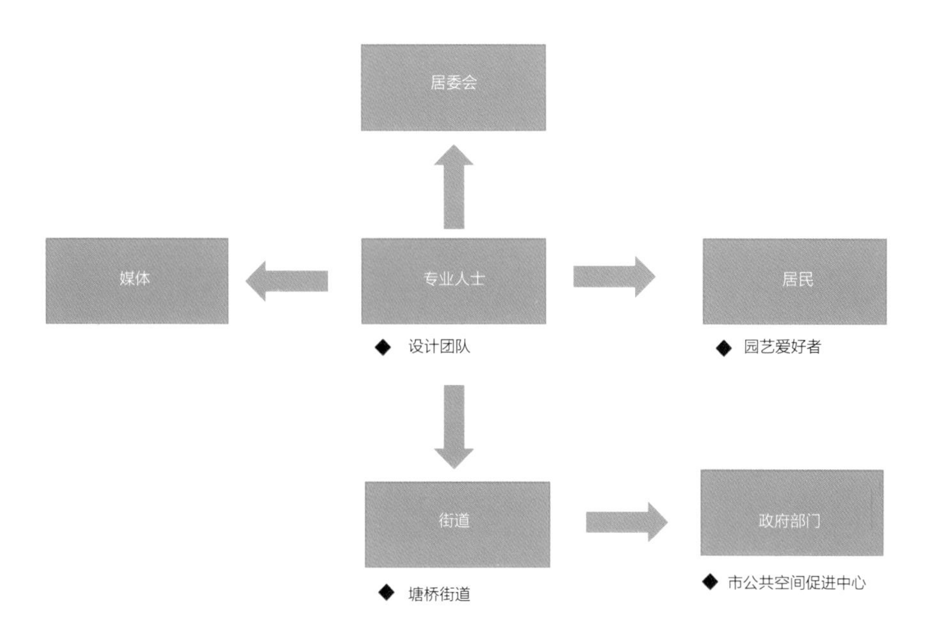

图 3-11　专业人士为媒的模式解析

“塘桥社区街角设计公益项目”选址征询投票活动，选出了社区居民心目中最希望改造的社区街角空间。浦东新区规划设计研究院发起“阅城乐城”公益活动，邀请中国美院、同济大学、荷兰 MVRDV 公司 3 家单位进行了概念设计方案众筹。同年 3 月，上海市公共空间设计促进中心在全市征集社区微更新试点，塘桥街道主动报名，并将塘桥休闲广场作为“行走上海：社区空间微更新计划”启动仪式的举办地。在市公共空间设计促进中心的线上线下招募下，有 8 家设计团队或个人参与了方案征集，经过专家、政府、社会公益组织、社区居民的联合评审团评审，同济大学徐磊青团队胜出，并融入刘悦来团队的“疗愈花园”理念。

在以企业为媒的公益艺术墙绘项目中（图 3-12），多位国际级墙绘大师通过 2017 年立邦集团“为爱上色”项目在上海集结，分别在陆家嘴、张江、川沙等地的 15 面城市建筑外墙上完成了主题为“儿童关怀和动物保护”的墙画创作，用色彩渲染的艺术创作，融入城市文化，开创了城市独特的人文艺术风景，也唤醒了城市人群对情感疏离的重视，从而传递正在被遗忘的温情和关爱。

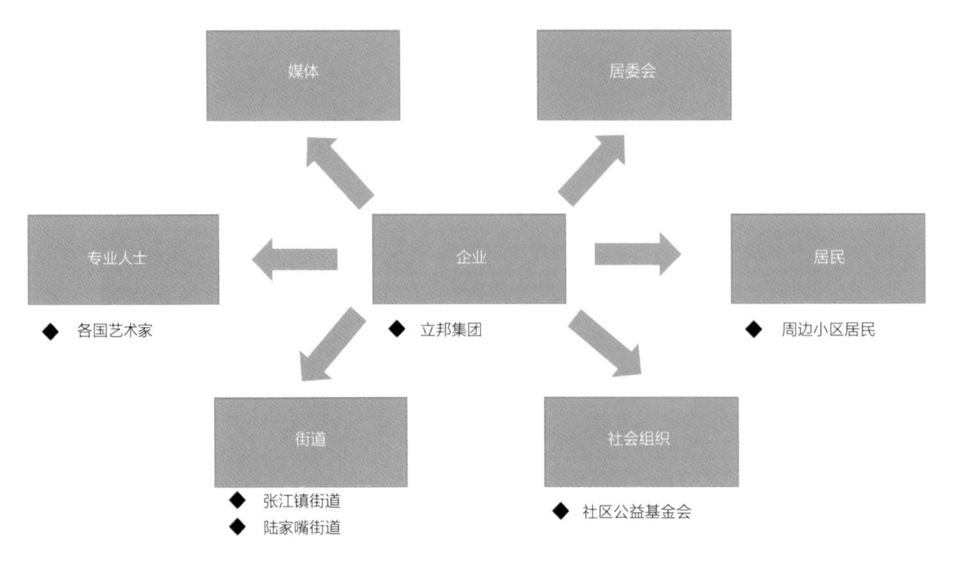

图 3-12　企业为媒的模式解析

（4）微更新成效

“缤纷社区”行动构建了专家引领、基层深度参与、社区组织协作、专业设计团队全程跟踪的工作机制，形成了一个“发现问题、试点实践、跟踪观察、总结经验、宣传推广”的工作闭环。“十三五”期间，浦东新区总计完成了370余处缤纷社区项目，包括公共通道、广场绿地、居民楼、背街小巷、桥下空间等居民日常活动的公共空间，老年服务、幼儿娱乐、社区文化活动中心等社区服务设施，机动车或非机动车停车、维修摊点等便民服务设施。“缤纷社区”行动已经成为浦东新区社区治理的品牌名片。

3.6　深圳：“趣城计划”

为推动城市精细化管理和城市人居环境品质提高，深圳提出“趣城·深圳美丽都市计划”，通过制定不同层级的大小计划并实施，创造有活力、有趣味的深圳。其中，“趣城 · 社区微更新计划”是“趣城计划”在社区层面的指导方针，是针灸式城市更新在社区层面的实践，目的是以城市公共空间为突破口，营造一个个有意思、有生命的城市独特地点，形成人性化、生态化、特色化的公共空间环境，通过“点”的力量，旨在创造有活力、有趣味的城市。

（1）基本情况

“趣城 · 社区微更新计划”具有全民参与、双向选择、微更新大效应三个特征。

首先在全民参与方面，通过小型城市设计竞赛的方式向全社会公开招募方案，征集有人气、接地气的方案。对于参赛者不设资质要求，可以是公司、团队，也可以是独立设计师或艺术家，或者是每一个对城市改造有想法的市民。参赛者自己选择场地，在最低造价条件下实施，因为参赛者能从设计、材料、施工、造价等方面进行全方位的把控，因而项目的落地性很强。

其次在双向选择方面，由计划承办者选择试点和实施主体，由试点所在街道办和居民自愿选择是否参加趣城计划。首先在全市对街道进行多轮甄选，对各街道发出邀请，对改造意愿强烈、有充足经费的街道优先考虑。最终选择具有深圳特色的蛇口街道作为先行试点开展实践。蛇口作为深圳最具历史记忆的街道之一，也是国际友人最多的街道，“趣城 · 社区微更新计划”方案征集吸引 27 组参赛者报名，通过专家和居民代表的讨论，从中遴选出了南山石化大院南门、蛇口学校入口广场、蛇口学校墙体改造、街头设施等 4 个试点，4 家获胜者与街道办合作，共同推动了方案的实施落地。

在微更新大效应方面，“趣城”计划的定义为贴近平民末梢、与生活息息相关的行动，不是房屋的大拆大建，而是通过对社区中小广场、小公园等微小场所或指示牌、垃圾桶等城市装置的更新，打造创意邻里空间（图 3-13）。从而积少成多，形成广泛的效应。

（2）微更新成效

作为“趣城”系列计划的拓展和深化，“趣城 · 社区微更新计划”将关于城市公共空间的计划与各个社区的具体实际联系起来，使得社区规划师制度能够通过“趣城”项目有新的抓手，推进看得见、摸得着的民生实事的落实。如将社区中的小广场、老村屋、铺地、

图 3-13　街边围栏趣味绘画

小公园、候车厅等微小地点更新打造成为创意邻里空间；将荒废的绿地变成公园，将无人问津的角落变成活力广场，将老旧的围墙变为艺术展板。近年来，“趣城 · 社区微更新计划”从蛇口街道延伸至深圳的各个区域，通过每个社区若干小地点高品质的更新实践，推动了在深圳范围内形成微更新的大系统，从而提升了城市的整体形象和魅力。

3.7 广州：永庆坊

2010 年广州亚运会结束后，广州的城市发展进入相对成熟时期，城市更新成为重要课题。2012 年，广州适时推动了人居环境综合整治工作，重点开展城乡道路升级改造、建筑物外立面翻新、历史文化与城乡特色风貌景观建设及改造、居住社区整治及相关配套设施建设、城乡照明建设、架空线下地及规整、城市园林绿化建设及改造、城市家具设置及翻新等八项工作。2015 年颁布的《广州市城市更新办法》对城市更新方式、组织实施、利益分配等均作出了规范性规定，“微改造” 作为与全面改造并重的城市更新方式，被首次明确提出。同时，广州市政府成立城市更新局，积极组织社会多方参与广州市城市微更新相关活动，并以竞赛形式征集社区微更新改造方案。其中，位于恩宁路的永庆坊片区更新是广州微改造的典型代表。

（1）基本情况

永庆坊前身为永庆大街，位于有百年历史的恩宁路中段，坐落在广州老城的中心地带，片区内保留着大量传统民居和文物保护单位，如李小龙故居等。自 2006 年起，广州市启动了恩宁路地块的旧城改造工作，其改造规划历经十余年探讨，由“大迁大拆大建”转为“保护更新利用”，并于 2016 年确定了“微改造”的城市更新模式。“微改造”模式的提出，为永庆坊的改造提供了新思路。

（2）微更新主要内容

永庆坊微改造采用“政府主导，企业承办，居民参与”的更新改造模式，力图形成以产权为纽带、实现外部成本内部化和建立“三方共赢”的利益共同体。荔湾区政府通过永庆坊的招商引资，与开发商、原住民进行沟通协商，主导项目推进，并在微改造中注重保障当地居民的权益。在实践中，居民有多种途径参与地区更新：首先，只要遵循相关规划要求，居民可自行改造住屋；其次，居民可将物业出租给开发商运营，或自行出租获得收益；此外，亦可由政府征收，居民获得资金并置换居住空间。

（3）微更新成效

永庆坊微改造遵循维持肌理与小修小补的原则，即不改变历史街区的街道肌理及空间格局。在此基础上，优化历史街区的公共服务设施，改造危旧房的外立面和内部结构，营造公共空间（图 3-14）；同时，对片区内地块的用地性质进行适当变更调整，以迎合城市发展的需要。

图 3-14　永庆坊更新后实景

3.8 小结

从国内外城市的社区微更新实践中可知，社区微更新的核心理念在于从小微空间的更新改造着手，通过多元参与的更新机制，“上下联动、左右逢源”，从而激发社区的活力，延续社区文化，巩固社区关系。

“上”指的是由政府出台有关政策引导社区微更新，并针对社区内各类亟待更新的公共服务设施进行提升；“下”指的是由社区居民自发的，出于对提升人居环境、改善生活品质的追求而发生的更新行为。只有“上下联动”，社区微更新才能既有发展动力，又有强力支撑。

“左右逢源”是指在社区微更新中需要借助基层组织、社会组织、设计团队等多方力量的帮助，才能使微更新项目推得动、干得好。此外，在工作方法上，社区微更新通常体现出“循序推进、持续运营”的特征。即通过多次活动和会议，充分发动多方主体共同参与探讨微更新方案，按实际需求的“轻重缓急”划分项目实施阶段，促使居民持续深度参与；同时，为了保障微更新成效可持续，必要时可由专业团队进行持续运营。

北门里·爱情巷
七夕集市

第四章

谋定而动的社区微更新工作方法

- 多管齐下的调研方法
- 通宏洞微的规划设计
- 多元主体参与的机制构建
- 全流程管控的工作组织

4.1 多管齐下的调研方法

4.1.1 以现场踏勘丈量社区

现场踏勘是社区微更新中最常见最基础的一种调研方法，主要针对社区的功能业态、公共空间、公服配套、道路街巷、市政管线以及建筑风貌等全要素进行地毯式调研，以得到社区较为全面的基本情况，主要工作内容包括整理工作底图、开展实地踏勘、完成现状填图三个步骤。

（1）整理工作底图

主要目的是制作能方便后续踏勘、调研分析时使用的工作图纸。首先通过查找文献、向社区寻求帮助、提取勘测数据等途径搜集调研工作底图的相关资料，可对现状地形图和卫星影像图进行数据及建筑提取，结合高德地图、大众点评 POI 以及街景地图，进行现状调研基础底图制作和三维建模。在成都市武侯区倪家桥社区微更新的现场踏勘调研工作中，参照上述方法绘制现状建筑分布图（图 4-1）、POI 数据表、现状三维模型鸟瞰图（图 4-2），制作相应的工作底图（图 4-3）。

（2）开展实地踏勘

在工作底图整理的基础上，将调研社区分为若干个调研网格，结合现状道路情况，制定出踏勘路线，覆盖各调研网格内的所有院落及公共空间。过程中需与居委会紧密沟通，组成踏勘小组，在事先得到许可的情况下，深入调研网格内的街巷、院子进行多频次、多时段的详细调研（图 4-4）。

图 4-1　现状建筑分布图

图 4-2　现状三维模型鸟瞰图

图 4-3　现场踏勘调研基础底图

图 4-4　社区现场踏勘

（3）完成现状填图

实地踏勘后，按照现状建筑、道路街巷、公服配套、业态功能、市政管线、环境风貌等方面对踏勘所获的信息进行填图（图 4-5、图 4-6），并初步梳理出可利用的空闲院落、坝子、街巷空间、街角空间、废弃房屋、开敞绿地、广场等（表 4-1）。

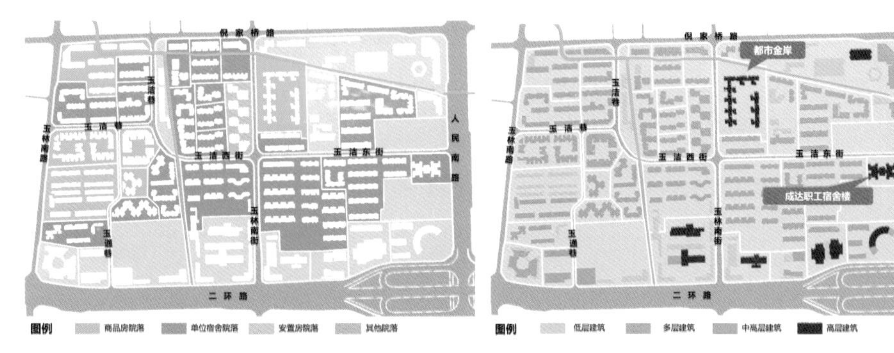

图 4-5　社区院落与建筑现状填图示意

图 4-6　社区公园广场及医疗设施分布情况现状填图示意

现状填图内容一览表　　**表 4-1**

填图类型	主要内容
现状建筑	院落名称、门禁情况、建筑层数、建筑质量和建筑高度等
道路街巷	街巷宽度、街巷走向、停车设施情况、自行车停放集中点、人行道和非机动车道等
公服配套	社区服务中心、老人活动中心、中小学、幼儿园等
业态功能	居住、商业业态等
市政管线	通信管线、电力燃气管线、环卫设施等
环境风貌	建筑立面、沿街风貌、沿街界面等

4.1.2 以深入访谈讲述社区

对社区管理者、社区服务人员、居民等各类人群的访谈，能在现场踏勘的基础上更详细了解社区基本情况，并掌握社区管理者自身对社区发展的构想，同时与社区管理者建立合作机制，打通与居民联系的渠道，并借用居委会的空间用作规划师与居民沟通与交流的场所。

访谈式调研分为前期准备工作、中期访谈工作和后期整理工作三个阶段（图 4-7）。在前期准备工作中，首先要明确进行访谈的目的，围绕社区基本情况、存在问题、发展构想、人群特征等方面确定访谈内容并制定特色化的访谈提纲，根据访谈对象的不同实际情况，访谈内容提纲相应有所侧重（图 4-8）。如针对社区居委会调研日常管理过程中的主要难点，

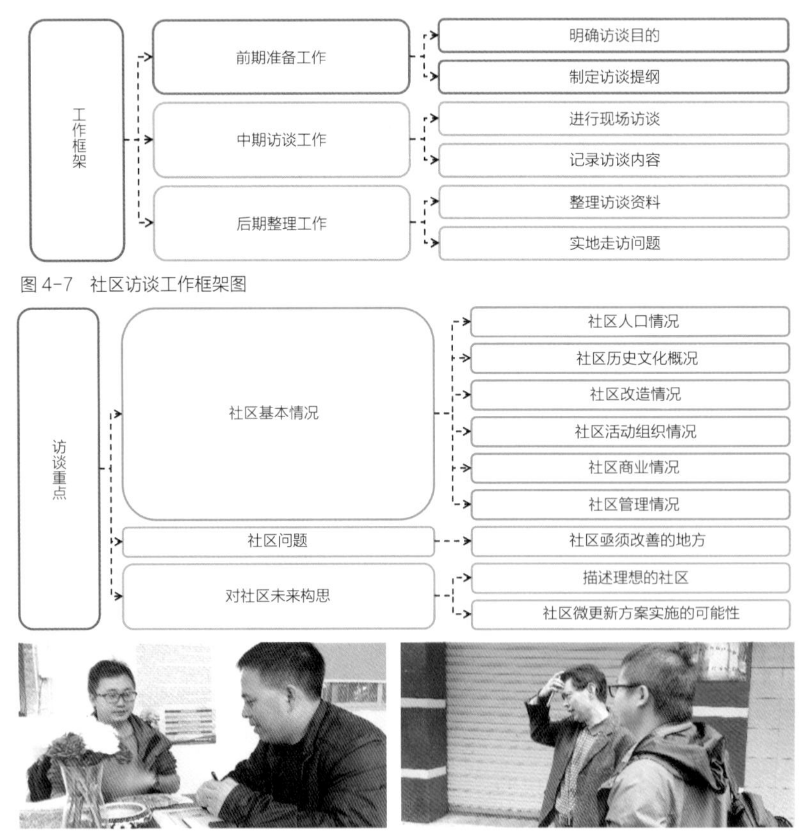

图 4-7 社区访谈工作框架图

图 4-8 社区访谈重点框架及访谈现场照片

针对社区居民调研日常生活中亟待满足的需求，针对企业商户调研经营活动中需要提升的社区配套。在中期访谈工作中，预约访谈人群并进行现场访谈及记录，按照访谈有效性的原则，访谈时间以 30 分钟为宜。在后期整理工作中，归纳访谈者反映的社区基本情况，总结受访者主要关注的问题，可针对相关问题再次进行实地走访，了解访谈者关于社区未来的构想。

4.1.3 以细致观察探究社区

观察式调研是指研究者根据一定的研究目的、研究提纲或观察表，用自己的感官和辅助工具直接观察被研究对象，从而获得资料的一种方法。观察内容通常采取“活动观察 + 随机访谈”相结合的方式，以了解社区不同年龄阶层居民、驻地企业和商户等对社区的认知，以及他们对社区的诉求和意愿。活动观察是以客观视角观察社区居民在公共空间的日常活动，采集人与空间互动中可能存在的问题；随机访谈是选择具有代表性的被观察个体，就观察到的现象作进一步了解，采集主观信息（图 4-9）。

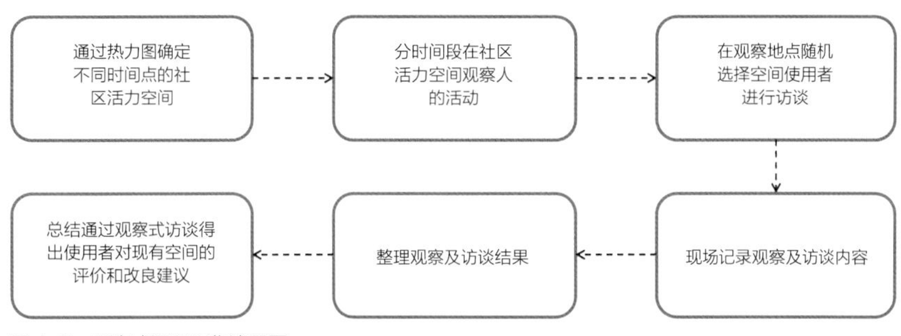

图 4-9 观察式调研工作流程图

观察式调研同样分为前期准备工作、中期观察工作和后期整理工作三个阶段。

在前期准备工作中，可先期截取一天中不同时间点社区的热力图，获取不同时段的活力空间，选取重点观察空间（图 4-10），并制定包括时间、地点、人员的观察计划表；在选取学校、菜市场、广场、公园等人流量较大的热力观察地点基础上，还应根据前期现场踏勘和访谈的结果，确定不同地点最合适的观察时间。在中期观察工作中，以客观视角观

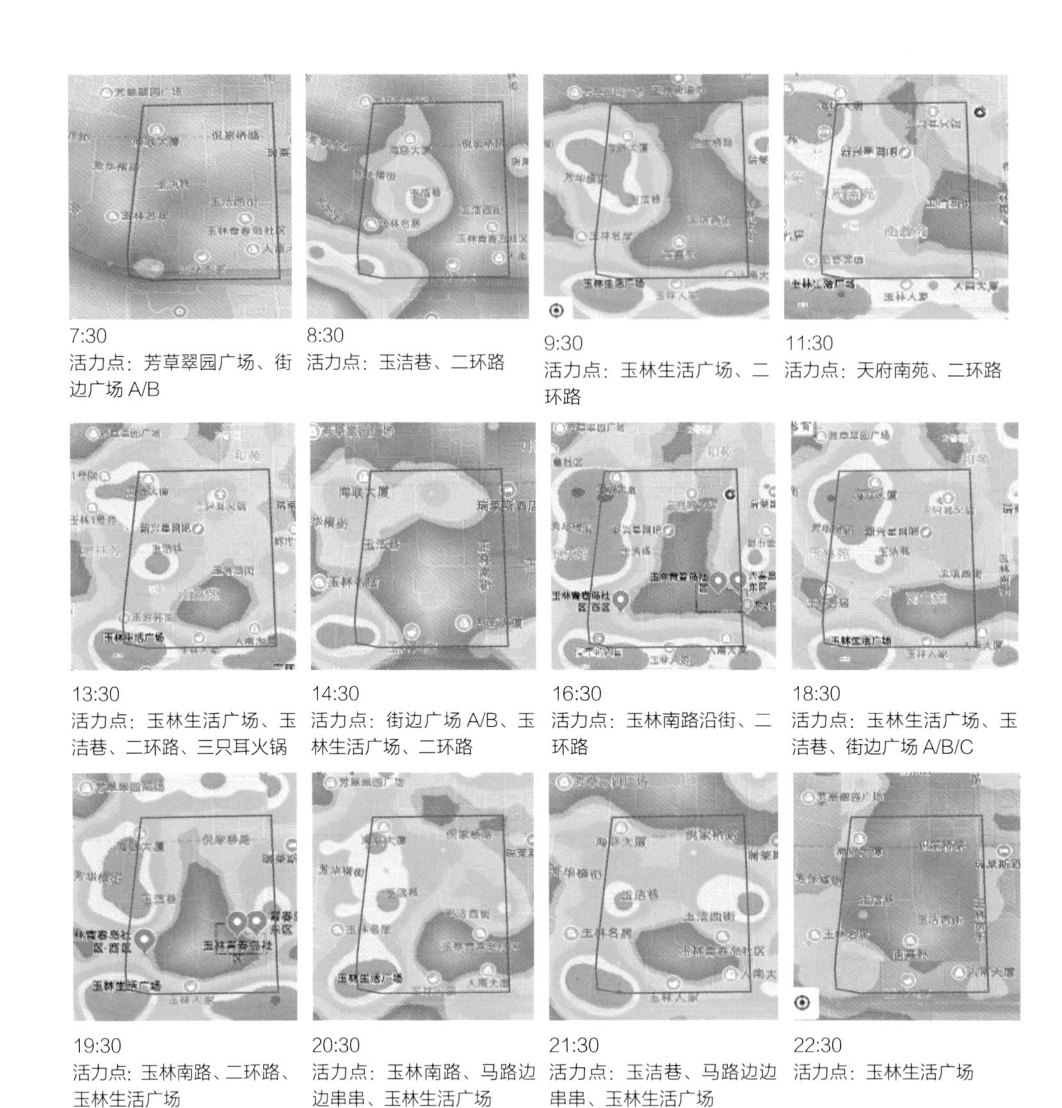

图 4-10　调研区域不同时段人口分布热力图

察社区居民在公共空间的日常活动，采集人与空间互动中可能存在的问题，选择具有代表性的被观察个体，就观察到的现象作进一步了解，采集主观信息；可同时在观察地点随机选择空间使用者进行访谈，现场记录观察及访谈内容。在后期整理工作中，总结通过观察式访谈得出的使用者对现有空间的评价和改良建议，并以图文结合的形式呈现观察式访谈采集的问题。

以倪家桥社区为例，在对玉林中学等学校周边进行观察时，应掌握学校上学和放学的时间提前蹲守；对菜市场进行观察时，应确定早高峰和晚高峰的时间；饭前饭后、放学前放学后一般是广场和公园人流量较大的时间，因此灵活选取观察时间和分工合作至关重要。

4.1.4 以问卷调查认识社区

前面所述的调研方法可能存在片面或过于主观的情况，因此需要更大范围了解居民、商户等各类人群的诉求和要求，可采取问卷发放的形式扩大样本和数据量，并根据需求制作纸质问卷或网络问卷，分为前期问卷制作、中期问卷发放和后期问卷回收整理三个阶段。

在前期问卷制作工作中，首要了解社区居民对于社区的基本认识和诉求，并采用通俗化的语言表达想要了解的问题。在倪家桥社区调研中，规划师们结合访谈社区居民过程中发现的微更新问题，将调研问卷细分为基本情况、日常行为活动日志、公共服务设施需求等有针对性的内容部分。在中期问卷发放工作中，纸质问卷可通过社区居委会和社会组织在居民中进行发放，发放范围应覆盖社区的大部分院落（图 4-11）；网络问卷可通过“问卷星”或其他调研问卷平台进行推送发放。在后期问卷回收整理中，纸质问卷回收后须由微更新方案设计团队进行统计分析，过程中可向社会组织寻求支持，网络问卷可以在平台端口进行分析整理。

图 4-11　倪家桥社区问卷填写现场

4.1.5 以网络平台链接社区

为了掌握社区居民对于微更新的实时需求，可在网络问卷调研的基础上，通过微信等操作简单的网络平台，如开发和推广微信小程序，邀请社区居民用拍照留言等方式告知社区有展现价值或需改进的地方。以微信小程序为例，调研分为程序框架设计、程序研发、程序测试和推广、数据回收和整理四个阶段（图 4-12）。

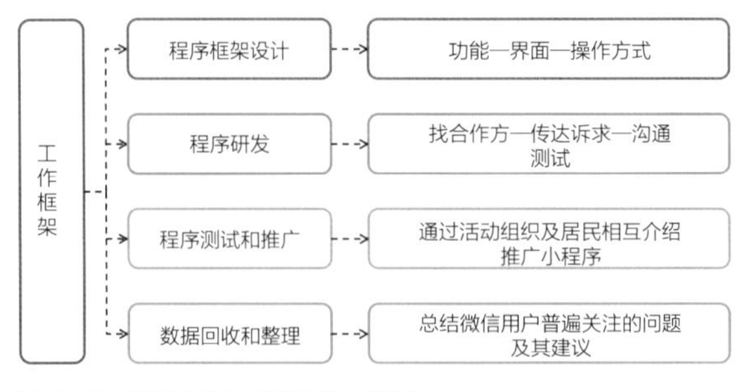

图 4-12 微信小程序调研工作框架图

程序框架设计阶段，结合前期调研的居民诉求从用户端和管理端进行微信小程序的框架设计，用户端主要提交数据和查看资料，管理端主要包括查看信息、数据统计和回复留言等功能。程序研发阶段，在充分考虑开发的难易程度和经济成本情况下进行程序功能和界面设计，做到设计简单，成本低廉，同时功能实用，贴近生活（图 4-13）。程序测试和推广阶段，可在社区现场向居民介绍小程序使用说明，依托向居委会和现场居民发放二维码向更多人推广小程序。数据整理阶段，根据程序搜集到的数据信息，对社区的问题进行整理。

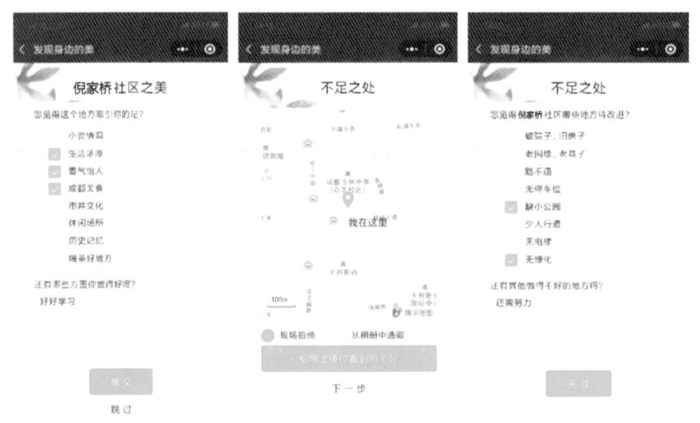

图 4-13 微信小程序用户界面

4.1.6 以居民活动融入社区

活动类调研主要包括居民座谈会与故事分享会两种主要形式，过程中可发挥社会组织的优势，承担部分活动组织工作。在前期准备、正式活动与活动总结三个阶段中，要考虑到以下关键事项（图 4-14）。首先在前期准备中，活动需要设定既定目标，通过是否达到预期目标来评判活动成功与否，同时关于活动的成功标准还可参考居民参与度、公众参与群体、反馈信息质量等因素；更重要的是活动组织的成功需要依靠居民的配合，为了达到效果，活动方案应尽可能地引导居民参与到活动中来，踊跃发表与活动既定目标相关的意见，这一结果离不开活动组织者的引导和招募；同时活动应制定应急预案，以应对各种突发状况，尽可能保证活动效果。

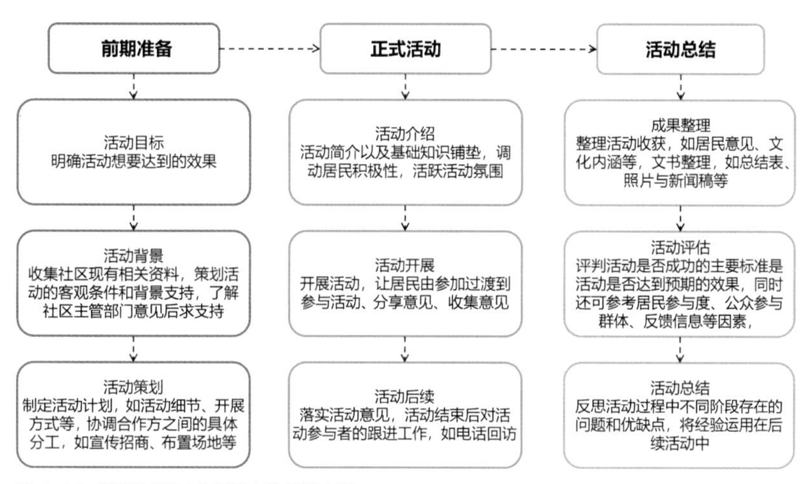

图 4-14　活动调研三个阶段中的关键事项

以倪家桥社区微更新项目为例。

通过举办居民座谈会，充分了解居民对于社区的认识，其目标是引导居民反映社区问题并提出改造意向，聆听社区居民代表关于社区发展治理、社区环境等的想法及思考、促进沟通与交流，激发代表们参与社区规划的意愿或热情。

在前期准备中应事先与社区党委、社区居委会、居民代表沟通，形成社区居民代表座谈会活动策划书以及座谈会开展方案；开展正式活动时邀请楼栋长、社会组织及自组织代表、文化能人、单位及商铺代表、对社区规划有热情的居民组织者参与座谈，首先介绍居民座谈会缘由并简要介绍工作团队背景，讲解社区微更新工作的意义、内容、计划等，过程中通过活跃现场气氛，拉近活动组织者与居民之间的距离，进而邀请居民根据自身经历进行分组讨论，引导居民各抒己见并记录居民意见，最后由各小组推选出代表向全体参会人员作总结发言。

通过举办故事分享会，挖掘社区的记忆碎片与文化内涵，把握社区内的文化方向及居民的文化认同和共同记忆，初步激发代表们集体回忆，并提取社区中的文化元素与记忆碎片为后续规划作准备。

首先活动组织者应开展社区故事搜集、地方志查阅等工作，形成社区故事分享会活动策划书，事先与社区党委沟通并获取支持，并请社区居委会邀请社区能人志士、各院落主要居民代表参会；正式活动时，活动组织者介绍故事分享会缘由以及此次活动的背景，邀请社区名人及到场居民分享社区生活的老故事，并现场演出以社区居民生活故事为蓝本改编的小品，激发居民共鸣，最后分组讨论并由代表分享在社区生活的美好记忆，谈论往昔生活岁月。

4.1.7 小结

社区微更新的调研方法主要分为现场踏勘、居民访谈、实地观察、问卷调查、网络平台和居民活动六类，各类调研方法在工作重点及适用对象上具备不同特点（表 4-2）。

调研方法实践总结　　表 4-2

方法类别	名称	工作重点	适用对象
现场踏勘	地毯式现场踏勘	考察和亲身体验现场环境，了解社区生活的氛围、人群特征、文化气息等，并分类梳理社区存在的综合问题。	大范围：社区整个物质空间
居民访谈	一对一访谈	了解不同年龄阶层居民的生活习惯、活动路径，驻地企业和商户对社区的认知，以及他们对社区的诉求和意愿。	小范围：社区居民、驻地企业、社区商户等
	管理者访谈	了解社区管理者对社区的看法和认知，搜集社区改造诉求和意愿。	小范围：居委会、街道办等相关职能部门
实地观察	活动观察	观察不同场所不同人群不同时间的活动习惯。	小范围：社区居民及路人

续表

方法类别	名称	工作重点	适用对象
问卷调查	纸质问卷 网络问卷	收集居民普遍关注的问题及对社区的满意程度。	大范围：社区居民、商户等
网络平台	微信小程序	发现身边的问题和不足，缺点是部分信息不准确。	大范围：社区居民、网民等
居民活动	居民座谈会与故事分享会	设定预期目标，引导和招募居民踊跃发表与活动预期目标相关的意见，制定应急预案应对各种突发状况。	小范围：社区居民

4.2 通宏洞微的规划设计

从国内外各城市已开展的实践可以看出，社区微更新的成功既离不开整体层面的“谋局”，以统一认识、资源调配实现整体最优；也离不开对不同微更新对象的详细设计，以提升各类型空间及设施品质。通过两个层面的共同发力，能推动社区凝心聚力、共建共享，营造社区精致生活场景，提升社区居民的幸福感与获得感。同样以倪家桥社区微更新项目为例，介绍包含整体设计与详细设计两个层面的规划设计内容。

4.2.1 以整体设计系统谋划

社区微更新的系统谋划针对整个社区开展，通常包括社区资源盘点及问题研判、提出更新目标、更新策略、形成项目库与行动计划四个阶段（图 4-15）。

（1）社区资源盘点及问题研判

社区微更新重点关注社区居民看得见、摸得着的“家门口”小微空间，因此摸清资源是微更新规划工作开展的前提条件。

首先，微更新规划应通过资料收集、现场踏勘等方法尽可能多地掌握社区的基本情况，

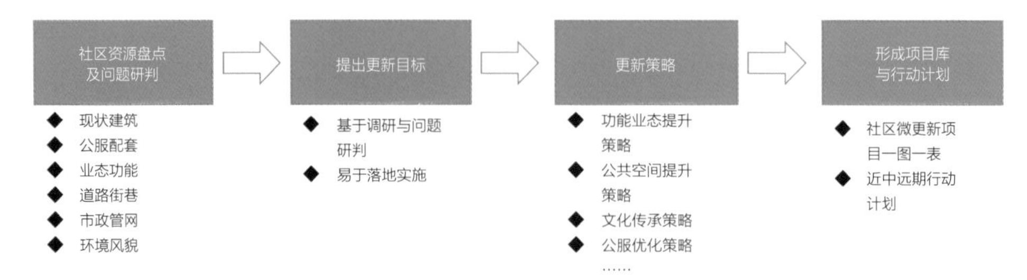

图 4-15　社区微更新系统谋划路径

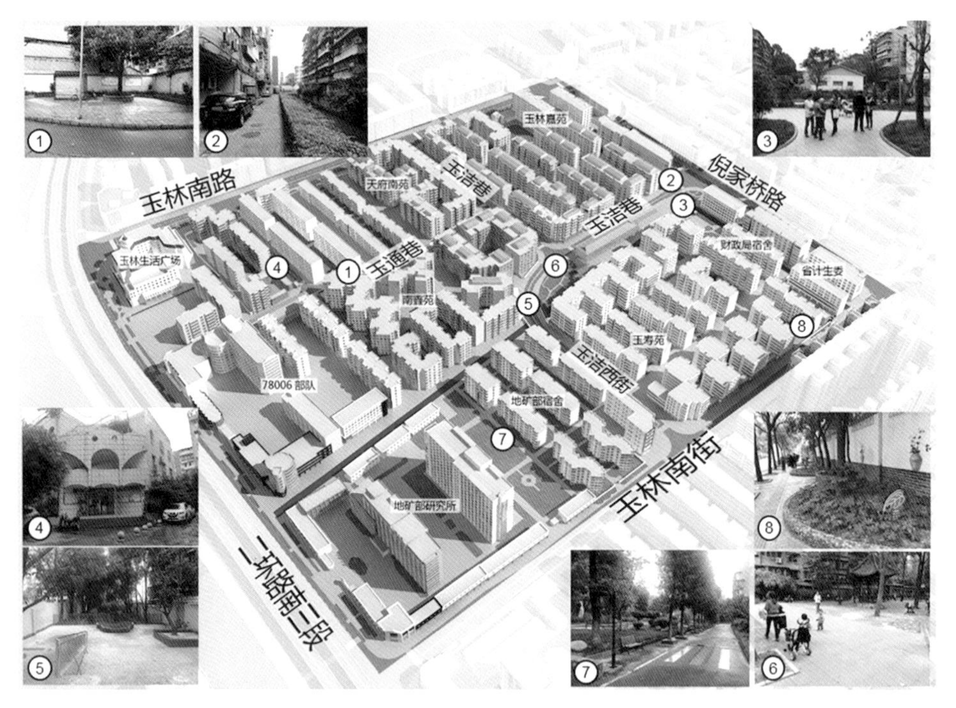

图 4-16　成都倪家桥社区现状 3D 模型图

建立社区资源信息库，必要时可制作社区实体模型（图 4-16），作为社区微更新规划的“底图底数”，并在底图中标注出社区重点资源。

其次，基于“底图底数”对社区问题进行分类梳理，研判社区存在的问题，主要涉及公共空间、公服及市政设施、道路交通、建筑风貌等方面，最终汇总形成社区“问题地图”（图 4-17）。公共空间聚焦整体空间品质、使用体验以及全龄友好设计；公服及市政设施

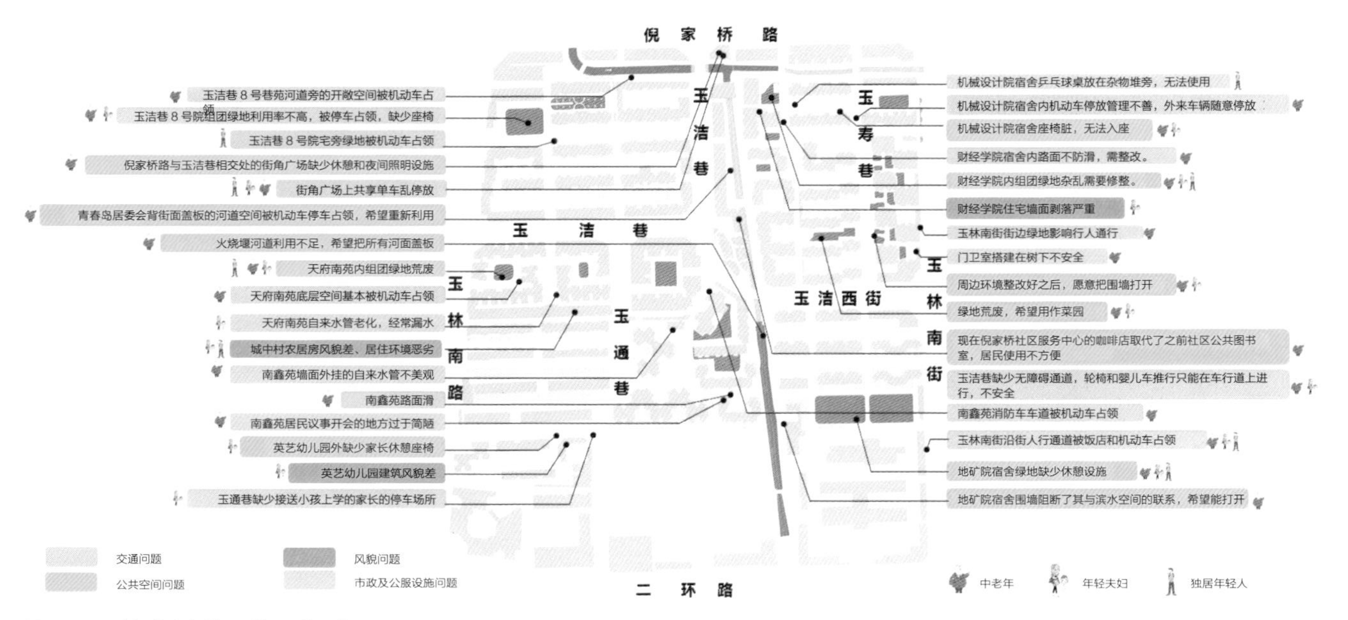

图 4-17　成都倪家桥社区“问题地图”

主要从使用效率、功能齐全以及安全性和便利性进行分析；道路街巷关注道路通达性、慢行空间品质、停车位覆盖度；建筑风貌关注建筑质量、建筑色彩和主要界面美观度。在此基础上可根据社区商业现状，关注业态类型、业态空间分布、新兴业态发展情况等，重点关注社区商业及文创、演艺、潮玩等新型业态的发展情况。

（2）提出更新目标

微更新规划目标的提出应基于前期调研与问题研判的结论，结合社区座谈会、故事分享会等活动中居民所表达的美好愿景，提出针对性的更新目标，更新目标应着眼于落地实施性，切忌过于宏大。

（3）明确更新策略

在共同制定的目标愿景下，针对社区存在的问题与居民的诉求，微更新规划应提出社区层面的更新策略，主要包括文化、功能业态、公共空间、公共服务设施、道路交通、建筑风貌、市政设施等方面。不同类型的社区应根据其特点有所侧重，如历史文化类的社区宜更加注重文化的传承和发扬，以及业态的更新提质；以老旧院落为主的社区宜更加注重公共空间、公服配套与市政设施等方面的功能增补与置换。

①文化提升策略

基于对社区文化的挖掘，在社区策划文化活动、谋划文化展示空间等，并采用微更新的方式植入到社区的各类空间和设施中。如社区的闲置公共建筑，由于其曾经的公共功能属性而被居民认识和记忆，在历史过程中的利用和存在状态都代表着社区的历史和发展。可将其改造为文化空间，植入声音博物馆、名人名事墙、老照片老物件陈列室、非遗传承与展示等文化展示功能，不定期开展文化活动，培养社区居民的文化认同感与归属感。

除建筑内部空间的功能优化外，室外空间的文化植入更有助于营造无处不在的社区文化氛围。如将社区文化解构成设计元素，以街道、围墙、建筑山墙等空间为展示载体，设置文化艺术装置。艺术作品和艺术空间的引入不仅仅是对社区物质空间的丰富，更多是在社区中起到抛砖引玉的作用，在改变社区面貌的同时，也能增加社区环境的趣味性。在潜移默化中将不同的文化思想和艺术潮流引入社区中，引领社区跟上时代的变化和发展。

②功能业态更新策略

通过提升社区内的各类业态功能，打造既能满足居民日常需求，也能体现社区特色的生活环境。针对城镇社区，重点满足邻里交往的功能，植入综合性购物服务、公益服务和便民服务，并设置扰民业态的准入条件，营造宁静安全的环境。针对产业社区，重点满足多样化消费、休闲、娱乐和体验需求，植入多元活力业态，如通过露天博物馆、路演广场等，延长人群驻足停留时间，促进人群消费；再如鼓励店铺利用公共空间沿街外摆，营造商业氛围。针对乡村社区，多措并举活化资源，鼓励培育新型农业主体，以“公司＋农户”“公司＋合作社＋农户”等模式促进乡村业态融合升级。

③公共空间提升策略

通过对社区既有空间的梳理，构建社区公共空间系统，全面重塑公共空间（图4-18），激发社区活力。如依托现有场地，通过植入露天电影、广场舞场地、阅读角、创意集市、滑板场地、篮球场、乒乓球场等手法，打造全龄友好的多元复合型空间，实现多场景多人群共享，成为引领社区活力复兴的激发点。此外，挖掘其余有潜力打造为公共活动空间的场所，如院落内部绿地、小区外部街角空间等，形成多个便捷可达的活力点，并通过社区绿道进行串联成网，实现300m见绿，作为满足社区居民交往、休憩功能的补充空间。

④公共服务设施提升策略

应根据公共服务设施相关规范和标准查漏补缺，对于社区所缺少的基础类公服设施，依据社区自身空间资源条件“应补尽补”；对于功能提升类与特色类公共服务设施，结合社区特点与条件按需配置。针对前期现状调查中各类人群关于公共服务设施的意见和诉求，对社区既有公服设施的功能进行增补或置换，如利用既有社区活动中心增加阅览室、老年人应急呼救中心、义诊室、健身空间、舞蹈室等，满足居民多元需求（表4-3、图4-19）。

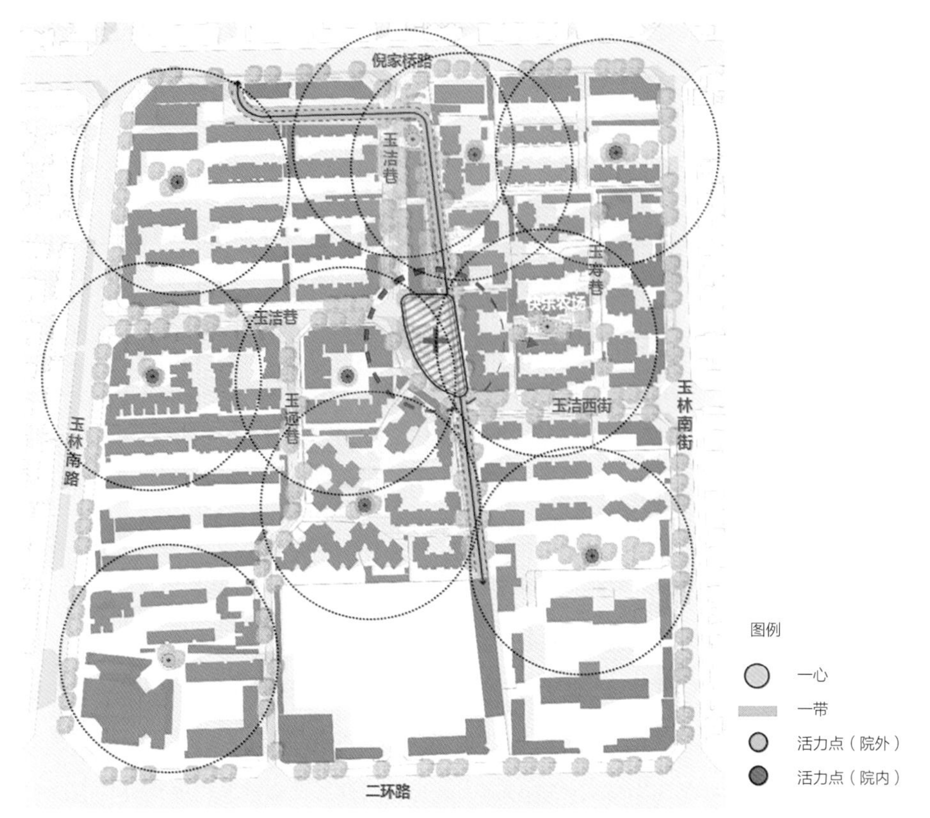

图 4-18　成都倪家桥社区“一心、一带、多点”公共空间结构规划图

倪家桥社区党群服务中心空间改造　　表 4-3

空间	原有功能	改造后功能
A	杂物间	手工艺作坊
B	会议室	多功能展览厅
C	培训室	义诊室、应急呼救中心
D	乒乓球活动室	社区健身房
E	舞蹈房	多功能音乐厅
F	办公室	阅览室、书法绘画室

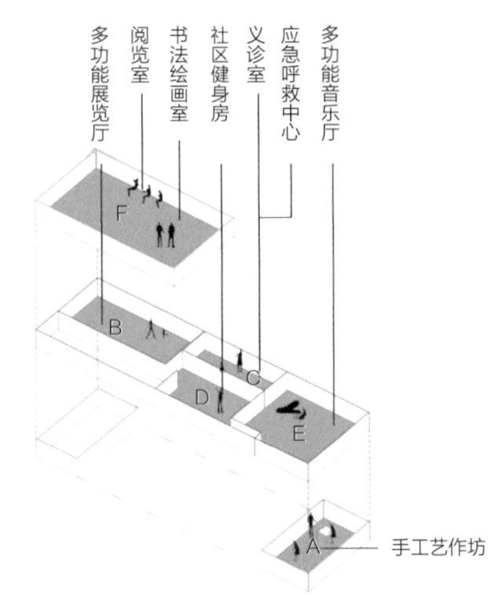

图 4-19 成都倪家桥社区党群服务中心改造方案

⑤道路交通提升策略

社区的道路交通是城市交通的“毛细血管”，是社区居民日常“上班的路”与“回家的路”，需要处理好慢行交通、车行交通与停车问题。对于慢行交通而言，应完善社区绿道系统，理顺步行交通流线，打通断头路，强化人车分行，优化人行道设施，建立完整、安全、舒适的步行体系；对于车行交通而言，应结合道路现状交通饱和度和单向道路沿线机动车出入需求，对交通组织进行优化；对于停车而言，小区（院落）外通过鼓励单位企业等在下班期间共享停车场，在路边划定夜间停车位等方式增加停车空间，小区（院落）内通过鼓励居民众筹建设停车设施等多途径提升社区停车能力。

⑥建筑风貌提升策略

通过外墙修饰、屋面整治等手法，修缮建筑立面。在此基础上，明确社区各类建筑的主色调、辅色调与点缀色。对于社区对外展示窗口区域的围墙及山墙面，可搭配多彩涂装，塑造街巷特色风貌。

⑦市政设施优化策略

梳理现状管线，剪除报废线路，将裸露在外的电力线、电信线、电视线等进行套管规整，有条件的社区可结合实际情况进行“三线”下地工程。统筹优化布局社区院内院外的垃圾回收点等设施，结合墙边、墙角空间，将现有露天垃圾回收点进行重新设计，可改造为功能完善、风貌较佳的“垃圾绿盒”。

（4）形成项目库与行动计划

微更新规划初步方案形成后，应与社区居民进行深入讨论与反复推敲，吸纳居民合理的建议与意见，最终形成居民一致认可的社区蓝图，明确微更新规划设计总图与微更新项目库“一图一表”（图 4-20、表 4-4），并根据更新迫切性、资金筹措等因素制定行动计划，共同作为下一步详细设计的指引和依据。

倪家桥社区微更新项目库及实施时序 **表 4-4**

实施时序	序号	项目名称	项目内容	涉及主体
第一期	1	玉寿苑快乐农场	利用现有闲置空间，打造社区快乐农场。	政府与商户共同完成
	2	改造社区中心（居委会）	增设养老设施。如义诊室、老年人运动室、老年人阅览室等。	政府主导
	3	玉林南街街头花坛改造	缩减现有花坛大小，恢复人行空间，增设休闲座椅。	政府主导
	4	青春广场改造	增设儿童活动设施，改造花坛边缘为座椅。	政府与商户共同完成
	5	回忆长廊	揭盖火烧堰，恢复河道，设置滨水空间。	政府主导
	6	玉洁巷最美街道打造	提升玉洁巷街巷空间，增设花池、路灯、休憩座椅、自行车停放处等。	政府主导
第二期	1	院子文创园南侧空地改造	增设露天影院、滑板场地，改造目前运动健身空间。	政府主导
	2	回忆博物馆	利用社区闲置室内空间，集中布置声音博物馆、名人名事墙、老照片老物件陈列室、非遗传承与展示等文化展示功能，增强社区文化底蕴。	政府主导
	3	“最美街巷”打造	对玉洁巷、玉洁西街、玉通巷墙面进行创意涂装设计。	政府与商户共同完成
	4	划定共享单车禁停区	在玉洁巷、玉洁西街、玉通巷设置共享单车禁停区。	政府主导

续表

实施时序	序号	项目名称	项目内容	涉及主体
第二期	5	垃圾收集点改造	利用砌墙等方式封闭垃圾投放点，种植绿植美化垃圾投放点。	政府主导，居民参与
	6	废旧自行车棚改造	植入文化小品、健身设施、休憩座椅。	政府主导，居民参与
	7	建筑外墙整体修缮	对社区建筑外墙进行重新粉刷。	政府主导
第三期	1	建筑加装电梯	对有条件的院落建筑加装电梯。	居民为主
	2	多彩居民楼	选取特定居民楼为试点，对建筑整体进行多彩涂装（如玉林南路一侧建筑）。	政府主导
	3	改造玉林生活广场	对玉林生活广场进行重新装修，对业态进行更新。	商户为主

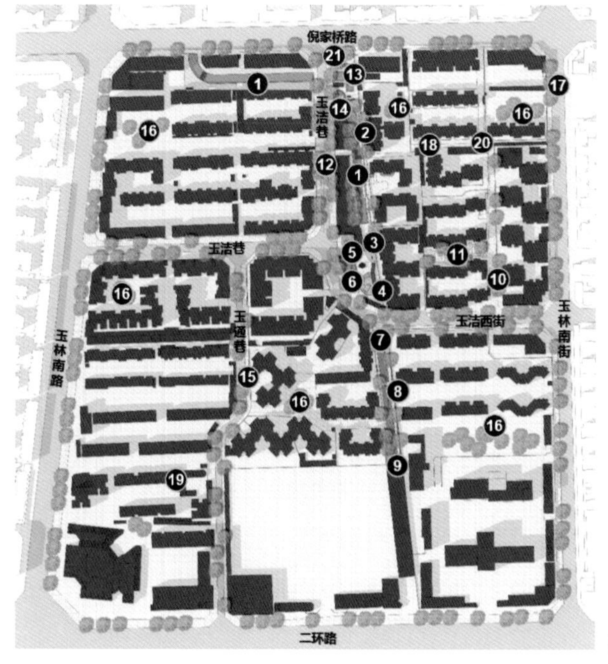

图 4-20　倪家桥社区微更新项目分布图

4.2.2 以详细设计指导实施

社区微更新详细设计是对老旧院落、老旧建筑绿地广场、社区闲置空间等具体空间进行微更新方案设计，指导项目落地实施。成都市出台了城市有机更新、剩余空间更新、街道一体化、河道一体化、小游园、微绿地等规划导则，用于指导不同类型的微更新详细设计。

（1）老旧院落

老旧院落是指城市建成年代较早、失养失修失管、市政配套设施不完善、社区服务设施不健全、居民改造意愿强烈的住宅小区院落。老旧院落的更新改造内容根据《成都市公园城市有机更新导则》主要分为安全类、基础类、完善类和提升类四类。

①安全类改造更新

安全类为务必消除建筑结构、燃气等安全风险隐患实施的内容，安全类的微更新改造方案主要针对老旧院落可能存在的消防、燃气、供电、排水、安防及房屋结构等方面的安全隐患实施改造整治。

消防安全重点清理楼道杂物，定期检查更换消防设施，有条件的设置自动消防喷淋设备、消防水源等；燃气安全重点检查更新腐蚀老化管线及设施，安装住户燃气泄漏报警装置，拆除占压燃气管道等影响消防和安全的违章建筑；供电安全重点维修或更换变压器、更换老化线路，推进电网改造下地或通过套管规整；排水安全重点推进雨污分流改造，阳台排水、小区景观换水应排入污水管网，有条件的院落可实施海绵体改造；安防安全重点完善监控系统，入侵报警系统，有条件的院落可设置身份识别、体温检测等多功能门禁系统；房屋结构安全重点加强定期评估，制定针对性的保护措施。

②基础类改造更新

基础类为满足居民安全需要和基本生活需求的内容，主要包括房屋维修（屋面、外墙、楼门楼道等公共部位）、院落内停车位划定和环卫提升三项内容。

房屋维修主要包括通过拆除楼本体窗户外所有护栏，加装内嵌式隐形护栏和防盗纱窗，规整室外空调机护栏、冷凝管，附墙管线规整入地；外墙进行清洁整理，有条件的小区进行重新粉刷等举措，实现外立面规整美化；楼门楼道清除小广告、污渍涂鸦和堆砌杂

图 4-21 “垃圾绿盒”改造前后示意图

物，对楼道内松动、破损、存在安全隐患的楼梯扶手进行加固、修缮。院落内停车位划定是指通过完善停车标识，划定院内停车位等方式，引导规范停车。环卫提升主要包括垃圾桶、垃圾收运点的改造，垃圾桶的布置应充分依据居民出行流线，原则上服务半径不宜超过 70m，布置在方便居民使用和垃圾车通行的位置，如小区出入口、楼栋出入口等，有条件的社区可设置“垃圾绿盒”（图 4-21）。

③完善类改造更新

完善类为满足居民改善型生活需求，通常包括加装电梯、安装智能设施、增设适老化设施等。对于加装电梯，应充分尊重群众意愿，对有条件加装电梯的院落（重点针对已完成安全改造和基础改造的老旧院落），按照“能装愿装，尽装快装”原则实施加装电梯改造，提升生活便利度。智能设施包括人脸识别智能门禁系统、智能灯杆、智能井盖、智能烟感、智能快递箱、智能充电桩、智能水表等设备，有条件的院落小区可根据实际需要进行安装（图 4-22）。适老化设施主要包括无障碍通道等，院落内应严格按照相关规范建设（增设）无障碍通道及设施，保障老年人正常出行与起居生活。

④提升类改造更新

提升类主要是在已达到基础类标准且有相对完善配套前提下，对院落基本公共服务设施与公共空间进行提升，丰富社区服务供给，提升居住品质。

对于公共服务设施，根据院落内老年人、儿童的人口占比及空间条件，在不影响周边

图 4-22　老旧小区智慧化改造效果图

住户采光通风的前提下，可利用架空层、闲置底层建筑、建筑间空地设置老年食堂、棋牌室、儿童活动场所等养老托幼配套服务性场所（图 4-23）。对于公共空间，通过拆除占绿、毁绿的违章建筑，采用集中与分散、大小相结合的布局方式改造现状绿地，公共绿化空间应满足小区的人群集散、社会交往、老人活动、儿童玩耍等需求，具有适度的可进入性与参与性，可采用棚架绿化、栽植攀缘植物等立体绿化形式增补绿化总量，有条件的社区可增设种植园。在不影响建筑质量与安全前提下，屋顶空间允许拆除部分建筑、楼顶违建，增设屋顶绿化和休闲交往场所（图 4-24）。

（2）老旧建筑

随着城市的发展，社区内不少老旧建筑无法发挥原有作用，有的面临拆除或被闲置废弃，有的则由于带有特殊历史记忆或具有改造的空间而得以保留。通过对老旧建筑实施微更新，可以在耗费尽量低成本的情况下，将不便于人使用的消极空间改善成为舒适健康的空间。

针对老旧建筑微更新通常以解决实际问题为导向，具体内容包括结构加固、布局优化、功能植入等方面。

图 4-23　院落服务设施提升改造示意图

图 4-24　院落公共绿地改造示意图

结构加固是指通过现代工程技术，增强老旧建筑的结构安全。可通过各类加固手段解决建筑结构问题，包括在原有破损结构上增设剪力墙体、加固圈梁、加固钢板等构件。可选用适宜的节能技术，降低老旧建筑的能耗，如采用板材干挂、材料置换、砂浆抹面等新型保温隔热材料对建筑外立面进行修缮，以及将建筑原有窗户和幕墙玻璃替换为新型节能玻璃；可在低层和多层建筑屋顶的改善中选择可上人的便捷式刚性组合绿化屋面，既能避免对老旧屋顶原有结构的破坏，又能方便维修。

布局优化是指针对建筑的不同使用人群，改变建筑的空间布局，使之更契合使用者的生活习惯，提高空间利用效率。针对便民服务类的老旧建筑，在改造时应集成多种功能，提供“一站式”服务，将居民日常使用频率高的功能布局在低楼层；针对文体服务类的老旧建筑，应当充分考虑社区居民的文化娱乐与康体健身等生活需求，在改造时布局图书阅览室、小剧场、球场、健身房等空间；针对医养服务类的老旧建筑，在改造时应着重满足日常医疗需求与老龄人群的养老养生需求，设置老年食堂、日间照料中心、社区保健室等空间，并布置在较低楼层。

功能植入是指在保持建筑整体结构不变的前提下，完全或部分改变原有功能，使其在更新改造后更符合当代的需求（图 4-25）。如将具有历史底蕴的建筑改造为展陈空间、将社区闲置厂房仓库改造为创意办公空间、将老旧公共建筑植入“潮玩”“时尚”等元素改造为社区特色商业空间等。

（3）绿地广场

绿地广场的更新应满足行人的休憩、视觉和心理等需求，营造宜人生态环境，配备功能完善且方便使用的配套设施。可按照《成都市中心城区小游园、微绿地建设导则》进行灵活布局，在满足指标和功能需求基础上，鼓励采用新材料、新工艺、新手法（图 4-26）。

在功能方面，作为社区公共空间，绿地广场兼具展示性与体验性。通过挖掘社区的历史文化内涵，保留和利用沟塘、洼地等原有的历史文化痕迹，保护古树名木，多用乡土植物，从而反映社区风貌和文化特色；通过设置社区菜园等空间，引导居民共同维护社区公共空间，提升社区居民凝聚力，从而推动社区治理。社区内的绿地广场通常包括利用社区或单位的

图 4-25　成都市武侯区红运小区老旧建筑便民化改造前后

图 4-26　绿地广场改造示意图

零星地块和闲置土地建设的小型游园绿地，面积约 300 ~ 3000m²，游步道宽度应不小于 1.2m，不宜大于 3.5m。游步道纵坡不宜大于 8%，横坡不宜大于 3%，超过最大坡度时应设踏步（表 4-5）。

绿地广场绿化形式引导 **表 4-5**

序号	群落结构	绿地形式	备注
1	大树孤植	①宜选用高大荫浓的树种； ②夏季庇荫面积宜大于游戏活动范围的 50%。	尽量保留原有黄葛树、香樟等常绿大树
2	树丛	①三株一丛、五株一丛等自由搭配模式； ②注重常绿和落叶树种的合理搭配； ③可采用不同树形的搭配； ④植物规格不宜过大，避免遮挡建筑界面。	银杏、红枫、悬铃木等彩叶树种结合原有常绿植被
3	混交树林	①部分墙边绿地可考虑乔灌草木复合搭配； ②植物色彩明朗，搭配合理； ③植物规格不宜过大，避免遮挡建筑界面。	—
4	密林	①应考虑隔离防护功能； ②形成隔离防护林带； ③植物品种不宜繁杂； ④植物品种选择抗性强的植物。	香樟、天竺桂、竹类等
5	疏林	①结合原有地形，形成疏林草坡，树木间距一般 10 ~ 20m，树种要求较高观赏价值； ②疏林与花卉布置相结合，重点绿化美化区域，不允许人员进入活动； ③疏林与活动场地相结合，多设置于人员活动区域，林下空间多为硬质铺装。	草花涉及波斯菊、百日草、酢浆草等
6	植篱	①公园内的儿童游戏场与安静休息区、游人密集区及城市干道之间，应利用园林植物或自然地形等构成隔离场地； ②宜考虑一定的庇荫乔木，常绿整齐修剪的灌木或竹类。	—
7	花坛	盛花花坛及组合花坛，随季节变换更换。	—
8	花境	以草花为主，结合观花观叶植物和一二年生草花。	—
9	草坪	①游憩活动草坪，选择耐践踏、耐修剪、适应性强的草坪，如台湾二号、早熟禾等； ②观赏草坪，选用草坪低矮、叶片美观的草坪，如三叶草等； ③耐阴性草坪，如麦冬等。	—
10	水体种植	结合原有游园地形，湖畔、池塘边沿栽植水生植物。	—
11	攀缘植被种植	①附壁式：在建筑物墙壁附近创造垂直立面绿化景观，如金银花、牵牛花等； ②廊架式：将建筑小品或设施作为攀缘植物生长的依附物，形成花廊花架，如蔷薇、藤本月季等； ③篱垣式：利用篱架、栅栏、矮墙垣作为攀缘植物依附物的造景形式，如藤本月季、迎春、藤本三角梅等。	—

在配套设施方面，社区绿地广场的设施配置可分为基本配套设施与娱乐参与设施。其中，基本配套设施包括座凳、垃圾箱、灯具、标识标牌、无障碍设施、洗手池、饮水站、自行车停放点、公共厕所等。娱乐参与设施包括智能系统、景观墙、雕塑小品、廊亭、体育设施、水体喷泉等，其配置引导要求如表 4-6 所示。

社区绿地广场配套设施配置引导表　　表 4-6

设施类别	设施项目	设置要求	配置引导要求
基本配套设施	座凳	●	按游人容量的 20% ~ 30% 设置； 可以与树木、花坛、喷泉结合设置。
	垃圾箱	●	垃圾箱服务半径不宜超过 50m； 垃圾箱应配备烟灰缸； 垃圾箱的投放口可在顶部或侧面，距地面宜 80 ~ 110cm。
	灯具	●	避免溢散光对路人、环境及园林生态的影响； 设置具有互动性的创意灯饰，供市民融入、参与，营造奇妙动态的夜间体验。
	标识标牌	●	标识标牌的大小、形状应与构筑物的形态尺度相协调，并与周围环境的色彩和谐，满足人的审美需求和视觉感受； 标识标牌的设置不得影响市政公共设施、交通安全设施或妨碍安全视距。
	无障碍设施	●	主入口应设置方便轮椅和婴儿车通行的坡道，并在台阶和坡道两侧安装扶手栏杆； 公共厕所入口宜为无障碍入口，并设置无障碍厕所或蹲位； 无障碍指示标志应清晰、明确，方便包括老人、儿童、残疾人等在内的社会各类群体识别和使用。
	洗手池	○	宜设置在餐饮、儿童设施附近。
	饮水站	○	使用城市供水系统以外的水源作为人畜饮用水，水质应符合国家相应卫生标准。
	自行车停放点	○	不得占用出入口广场，为游人集散提供足够空间。
	公共厕所	○	结合现行控规，若小游园、微绿地在公厕 250m 服务半径内，可不单独设置公厕鼓励与周边设施复建。
娱乐休闲设施	智能系统	○	设置寓教于乐的电子多媒体展示，提高信息接收的有趣性。
	景观墙	○	采用文字、图画等方式讲述历史故事，增加互动的参与体验，丰富阅读感受。
	雕塑小品	○	塑立人物雕塑或场景小品，增加互动性设施小品，提高市民的兴趣和可参与度。
	廊亭	○	在廊亭等休闲设施中，融入故事展示，多方式传达信息。
	体育设施	○	结合场地条件适当增加体育设施，为滑板活动、舞蹈演出等提供场所。
	水体喷泉	○	结合现代声光技术，打造动感音乐喷泉，增加景观的多层次体验。

注：“●”表示应设，“○”表示可设。

（4）社区闲置空间

社区闲置空间一度是社区的 “边角余料”，但可在《成都市城市剩余空间更新规划设计导则》指引下通过微更新规划设计将其改造为体现精致营城、创造生活惊喜的“金角银边”。设计要点主要体现为“三个融入”，一是融入城市景观体系，实现景观形象一体化；二是融入城市功能体系，完善公共功能供给；三是融入城市价值体系，形成空间价值增长点。根据闲置空间类型不同，设计内容也有所差异，大致分为桥下空间、地下空间和滨水空间。

桥下空间指高架建设的道路或轨道下方品质较低且未被充分利用的空间，主要类型包括高架桥下空间、立交桥下空间和路基涵洞（图 4-27）。

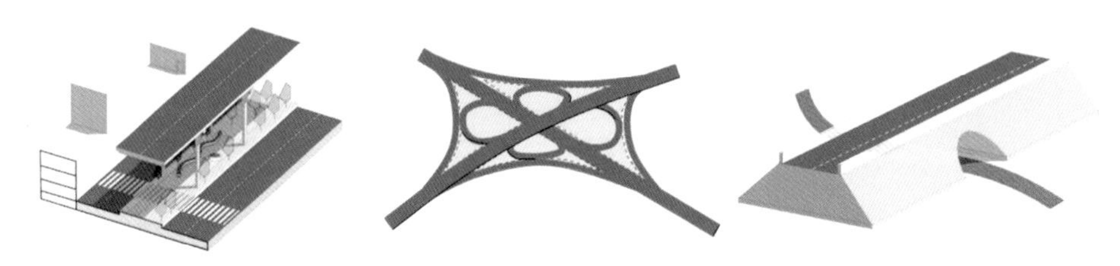

图 4-27　三类桥下空间示意图

设计内容主要包括交通安全、功能重塑、立体美化三个方面。桥下空间往往位于交通较复杂的区域，在开展微更新设计时，应首先考虑其安全性问题，在安全进入、设施安全、提示标识、防撞措施、行车视距等方面做出针对性的设计。在功能重塑方面，根据桥下空间的不同尺度，场地的实际光照情况，合理搭配植物种类，可选用种植八角金盘、山茶、海桐、大叶黄杨、蜡梅吊兰、珊瑚树等攀爬植物或艺术涂鸦等方式对变电箱、环卫工人休息室、公共厕所、社会停车场等市政设施进行美化（图 4-28）；同时结合周边城市功能和人群需求设置公共休闲场地，满足相应尺度要求的桥下空间可设置各类运动场地，成为“家门口”的体育设施，并进行海绵化设计；完善照明设施和游憩设施，在保证空间与周边建筑有良好的步行联系的同时，应设置隔离防护设施，使其与城市交通互不干扰（图 4-29）。在立体美化方面，桥墩可采用植物覆盖、彩绘、灯光照明等方式美化环境，顶板可在不影响桥体结构安全的前提下进行彩绘涂鸦或悬挂艺术装置等，其中有夜间活动需求的，可设

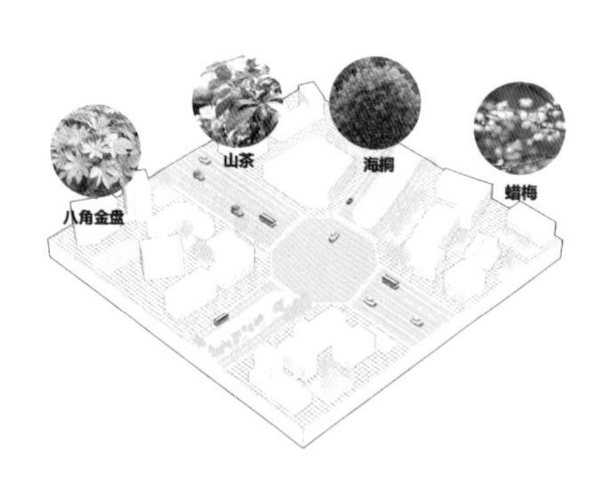

图 4-28　景观美化示意及实景图

图 4-29　基于桥下空间尺度的不同功能设置示意图

置智能灯光艺术投影，增强空间的趣味性和参与感。

地下空间指位于地表以下未被充分利用的社区公共空间，主要类型包括地下过街通道和单建式人防工程两类。

地下过街通道更新应以通行顺畅、连续、安全为前提，通过灯光、材料、图案等设计元素在地面、墙面、顶板空间进行一体化设计，改善狭长封闭通道的空间感受，提升过街通道新鲜感；可鼓励社会组织、商业企业等申报使用并维护通道空间，结合时事热点、社区活动、商业宣传对空间进行主题性设计更新，在不同时段举办各类小型活动，给使用人群带来新鲜感。单建式人防工程应坚持平战结合的基本原则，引入新功能新业态，提升空间吸引力和舒适性。鼓励将地下人防空间改造为文化馆、展览馆、博物馆等场所，开展爱国主义教育、文物展览博览、人防知识培训等活动。考虑特定人群需求，强化人防工程的特色 IP 塑造，引入共享直播间、健身房、特色餐饮、小型剧场等新功能业态。

滨水空间是社区重要的开敞空间，是集生态体验与景观游憩功能于一体的活动交往空间，滨水空间的微更新可按照《成都市公园城市河道一体化规划设计导则》可进入、可参与的要求，将其打造成为多元化的公共活动场所，实现人水相亲。

一是临水贯通，实现岸线、道路、绿化“三通”（图 4-30）。“岸线通”即打通断头河，提升城市水网连通性，使滨水空间能够“连起来”；鼓励在保障安全的基础上拆除围栏、围墙等隔阂，揭开河道盖板，改暗渠为明渠，让居民能够感知到水面，让水面“亮出来”；提高再生水利用，补充沟渠的新生水源与景观用水，让水“动起来”。“道路通”既要“走得通”，还要“看得见水”，现状无通道的，拆除通道用地上的违建；现状滨河通道被障碍物阻断的，打通障碍，并且拆除阻挡视线的滨河围墙，恢复滨河通道。“绿化通”包括生态通道连续与景观廊道连续，利用立体绿化、走廊绿化等多种绿化方式修补缺失的绿廊。

图 4-30　滨水空间“三通”设计效果图

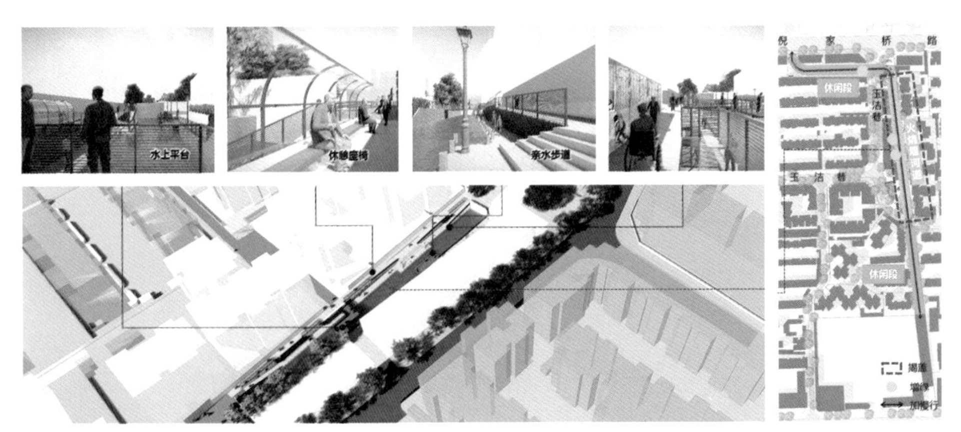

图 4-31　倪家桥社区火烧堰河道功能植入示意图

在具体设计上，步行道宜与自行车道分开设置，漫步道单独设置时宽度不宜小于 1.5m，跑步道单独设置时宽度不宜小于 2m，漫步道与跑步道相结合时宽度不宜小于 3m，自行车道可结合市政道路设置，单向宽度不宜小于 2.5m。绿道兼具防洪通道作用时，应满足单车道通行，宽度不小于 4m。

二是功能向水靠近，实现滨水空间的多元复合利用。利用堤岸高差、坡度，划分不同功能分区，进行多功能场地设计（图 4-31）。场地近水端与远水端高差不小于 1.2m、坡度不小于 18% 的空间，可利用宽大的台阶改造形成休憩空间；近水的缓坡可设置挑出至水面的露台，借助地势形成台阶式休息场地；场地近水端与远水端高差不大于 1.2m、坡度为 5%～ 18% 的空间，宜打造成为运动空间，利用坡地形成滑板、攀爬等缓坡运动场地。

同时，将滨水空间与慢行空间、建筑退距空间一体化设计，形成无界共享的社区公共空间系统（图 4-32）。在不影响建筑整体结构的前提下，滨水区公共建筑可通过底层架空延伸滨水空间，形成室内室外空间的一体化。鼓励采用大面积的玻璃橱窗将河道景观融入室内，加强滨水景观的视觉互动。

图 4-32　滨水空间一体化设计效果图

（5）街道空间

街道是社区最基本的公共空间，也是与居民日常生活联系最为密切的公共活动场所。街道空间微更新可按照《成都市公园城市街道一体化设计导则》重点对步行空间、骑行空间和街旁绿地进行详细设计。

需要打造宽敞舒适的步行空间。当沿街建筑底层为商业、办公、公共服务等公共功能时，在微更新时鼓励开放退界空间，与人行道进行一体化设计，统筹步行通行区、设施带与建筑前区空间，不宜设置地面停车场；过街天桥、过街通道、轨道交通站点出入口等设施设置时应保障步行通行区畅通；大型公共设施应结合周边建筑集约设计，小型公共设施集约布局在设施带内；保持人行道路面和铺装水平连续，人行道与建筑前区内慢行空间应进行统筹高程设计。

在步行空间改造过程中，可结合不同功能需求，对步行空间进行分区，形成步行通行区、设施带与建筑前区，分别满足步行通行、设施设置及建筑紧密联系的活动空间需求。步行通行区宽度应与步行需求相协调，并综合考虑道路等级、开发强度、功能业态等因素，合理确定步行通行区宽度（图 4-33）。

骑行空间的打造同样重要，通过合理设计明确非机动车与机动车路权，确保骑行空间

图 4-33　倪家桥社区玉洁巷一体化设计示意图

完整、连续、便捷，避免骑行空间与机动车交通空间冲突。鼓励有条件的道路增设非机动车道，独立非机动车道最小宽度不应小于 2.5m，通勤性非机动车道不宜小于 3.5m。在无机非隔离的街道，应设置非机动车缓冲带，降低路边停车突然开门带来的潜在交通风险。临非机动车道设置公交车站时，应通过合理的设计、铺装和标识等协调进站车辆、非机动交通、候车及上下车乘客之间的冲突（图 4-34）。

街旁绿地作为城市绿脉，可结合面积大小进行合理设计和更新改造。100m^2 以下的微型街角地块，结合片区文化特征采用园艺景观、垂直绿化、雕塑小品、文化艺术墙、街头涂鸦、增加休憩座椅等手段，将微型空间转化为公共景观艺术节点; 3000m^2 以下的中型街角地块，以建设小游园、微绿地为基础，并结合社区需求植入小型公共服务设施，如小型体育健身设施、小型艺术设施、公厕、再生资源回收网点等；3000m^2 以上的大型街角地块，突出功能复合、主题鲜明。将体育、文化和商业等多种功能有机组合，打造功能复合公共活动场所（图 4-35）；同时应结合片区文化特征，营造主题明确、特色鲜明的公共空间。如在商业区，可突出运动和休闲主题，提升商业区氛围。

图 4-34　街道一体化设计示意图

图 4-35　街旁绿地微更新示意图

4.3 多元主体参与的机制构建

社区微更新虽然是社区内微小空间的改造和升级，但并非是单纯的物质空间上的更新，而是通过社区空间结构的重组、居民关系的协调来全面优化生活环境、改善生活品质的城市更新活动。因此，在社区微更新的过程中，不同主体扮演着不同角色，不同主体之间的利益诉求关系的协调也决定着社区微更新的成功与否。

在新的时代背景下，多元参与成为社区微更新的发展趋势，与政府引导、社企参与、居民共建等方面息息相关，构建多元主体协同参与机制是社区微更新项目成功的关键。参与的主体涉及政府和社会各方面，包括政府、社区居民、居委会、企业商户、社区规划师、社会组织等，各主体结合自身特长在不同环节发挥其作用，形成社区微更新可持续的参与机制，为微更新提供多元合作的良性循环。在此过程中，既要遵从上级政府及相应主管部门的相关规定，政府部门起到组织实施的关键作用；同时也要充分考虑和尊重社区居民的意愿，让居民成为社区微更新的核心力量；以社区居委会为纽带，引导社会组织、商户、社区规划师等多元主体参与到社区微更新中来。

4.3.1 政府：变“政府行政推动”为“党建引领驱动”

在社区微更新中，由于政府的管理能力强且决策力度大，更容易高效地发动微更新活动，呼吁社会多元角色参与，要由“政府主导”向“政府引导”转变。不同于上海、北京、深圳等城市由规划、住建等行政部门主导，成都的社区微更新，由市委社治委牵头，区（市）县社治委推动，街道、社区党委实施充分发挥党的组织动员优势，在更大范围、更广领域发动群众和整合各方资源，将自上而下的行政干预转化为社会共建的行动自觉。截至 2022 年底已发动社区工作者、众创组、社区社会组织成员等 46 万人次进小区、进院落参与建设，累计筹集社会资金约 1000 万元，实现了以党建引领推动项目建设，以惠民实效夯实执政根基。

4.3.2 居委会：变“各自为政”为“整体统筹”

居民的话语权是实现老旧社区微更新的关键所在，居委会作为维护居民话语权的社区群体组织，在社区微更新项目中要发挥整体统筹的作用，协助推进社区的微更新活动，协调各方诉求。在社区微更新活动中，居委会可通过组织召开各种居民与规划师对话的“坝坝会”、交流会，使居民诉求得到充分反映（图 4-36）。

图 4-36　社区居民、社区规划师、社会组织等参与共建

社区经验

成华区府青路街道怡福社区在开展府青运动空间更新改造项目时，始终认为居民是城市生活的主体，也是微更新的主体，社区居委会通过“坝坝会”“居民议事会”“文体活动”等形式，经过发现、动员、征集、创造、落实等步骤，反复修改方案，设计出既能满足广大居民的实际需求、化解实际矛盾又能紧跟成都城市更新建设步伐的方案。

4.3.3 居民：变“配合接受”为“共建共享”

作为社区硬件和软件的直接使用者，无论是经历了 20 世纪 60、70 年代城镇化快速发展的“原住民”，还是新来成都落户的“新居民”，都要改变过去对于现状问题被动接受的态度，逐步树立社区主人翁意识，在日常生活中主动作为，结合现状问题积极提出更新建议；同时，还需进一步提高对社区的认同、归属和责任感，实现社区微更新自治自营，尤其是在维护运营阶段，让不同年龄、性别、文化程度与职业的“原住民”和“新居民”都参与到社区微更新当中来，通过共建共享满足不同居民的差异化需求，让居民成为社区微更新的主人公。

社区经验

宏瑞阳光郦城小区在实施拆墙并院微更新项目的过程中，在小区党支部书记万惠兰和业委会主任沈跃富的带领下，50 余名党员干部、业委会成员、物业服务人员、单元长、楼栋长、网格员和热心居民组成了“红色粉丝”服务队，实施“敲门行动”，收集小区居民意见，同时带领社区规划师、小区退休教师、能工巧匠绘制了项目草图，并在征求群众意见、解决群众诉求过程中不断完善，最终形成了项目实施方案。同时组织发动小区居民对生活家园进行打造，居民既是“设计师”，也是“泥水匠”，居民出力出资，共同建设幸福美好家园。

4.3.4 企业商户：变“被动输血”为“主动造血”

传统的片区式城市更新模式伴随的是高债务和长回报周期，政府承担更新改造的成本和债务，企业商户对于产业发展和经营空间的需求也无法在更新过程中得到满足，甚至需要政府补贴才能够维持经营。成都的社区微更新，坚持“商业化逻辑、市场化运营”理念，鼓励依托社区微更新空间资源，发展新经济、新业态、新服务，招引专业化城市合伙人、社区社会企业等开展项目运营管理，常态化举行认领捐建、居民众筹、慈善义卖等活动，推动社区微更新项目实现可持续发展。比如，邛崃书院雅居老旧院落由小区居民自发组织成立了院委会，自筹资金 3600 元，对小区内外环境进行了微改造，并建立志愿服务积分和错时停车制度，有效解决了小区停车难、环境差、管理缺等遗留问题。

社区经验

成华区青龙街道昭青路社区在开展“青龙记忆 · 5811”社区微更新项目时，形成“党建引领，社商联动”运维机制。商家企业将部分营收捐赠到社区专项基金，用于支持社区发展治理、培养社区人才、培育和扶持社区社会组织、资助社区公益项目，共建共治共享美好社区。

4.3.5 社区规划师及社会组织：变“单打独斗”为“众人拾柴”

在社区微更新中，不同领域的政府机构、社区居民、社会企业等多元角色有着各自复杂的工作流程，其多元角色也在不断变化，在实际操作中，需要社区规划师协调统筹各个角色间复杂的权益关系，以防角色失衡。成都社区微更新创新社区规划师协调机制，主动作为“搭台织网”，以“四向联合”为思路，搭建多元共治的微更新平台，从筹备、调研、方案到实施运维，在社区微更新各个环节中发挥作用。志愿者机构、第三方专业团等社会组织可充分发挥自身人力、智力、财力优势，提供资金技术推进更新建设，保障社区微更新人才资源，提供智力支撑，全方位健全社区微更新保障体系（图 4-37）。

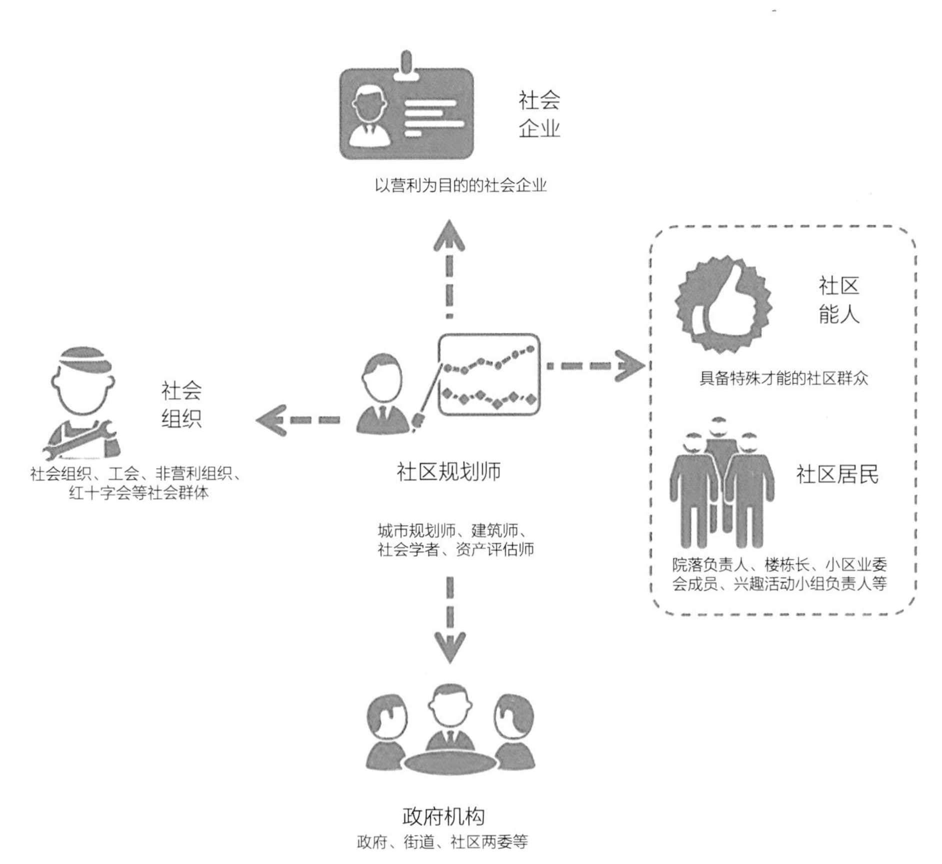

图 4-37 “四向联合”微更新工作平台构架示意图

4.4 全流程管控的工作组织

4.4.1 社区微更新“六式工作法”

成都的社区微更新形成了独具特色的“六式工作法”（图4-38），包括“地毯式”收集民意、“表决式”确立项目、“参与式”策划设计、“拉练式”项目评审、“众筹式”筹措资金、“志愿式”维护管理。总结而言，以居民参与为主体，让社区居民成为决策者、参与者、评价者、共享者。所有社区微更新项目均由社区党组织牵头组织，居民全程参与，项目实施过程坚持“三晒三提高”，即实施前晒方案，深入社区展示，提高知晓度；实施中晒进度，发动市民监督，提高参与度；实施后晒成效，组织市民评议，提高满意度。

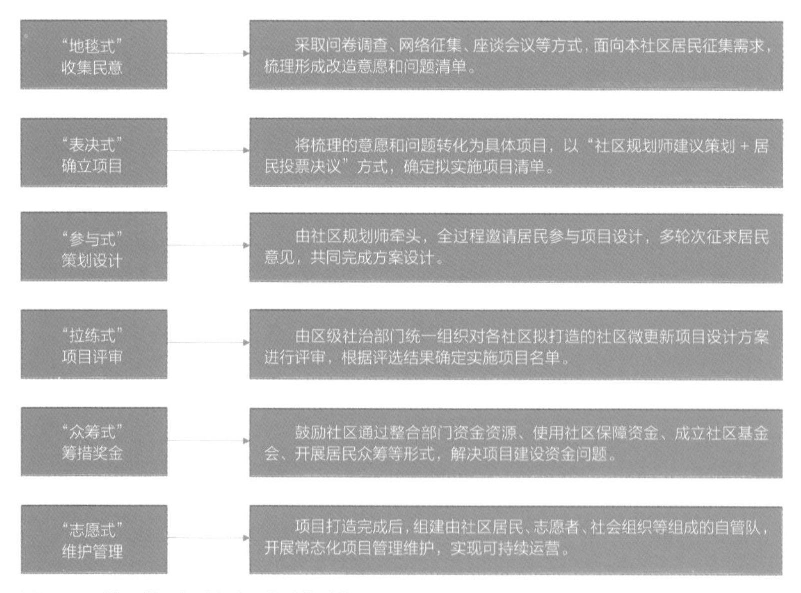

图4-38 社区微更新“六式工作法”路线图

4.4.2 微更新全环节实施指导

在“六式工作法”的指导下，社区微更新项目在实施过程中重点关注前、中、后三个环节。

（1）项目实施前

充分征求民意，明确居民诉求和意愿，确定微更新项目。项目须是征集居民意愿自下而上而得来的，而非上级部门年度自行安排的任务或片区更新项目。与基层街道、居委会、社区居民对接，明确社区微更新对象；充分联合街道办事处、社区居委会、社会组织、社区规划师、社区居民等多元主体，以“工作坊”或“工作小组”等形式组织形成社区微更新的工作团队，共同制定社区微更新规划的详细工作计划。

引导社区、规划师、居民、社会组织全过程参与项目策划设计。秉持“不策划不规划，不规划不施工”的原则，通过踏勘、访谈、观察、问卷、活动等详细调研工具，充分了解不同群体对于社区微更新的诉求和意愿，社区规划师将居民诉求用规划语言表达，并引导居民全过程参与项目设计。

形成多方认可的规划方案，确定工作机制和工作计划（图 4-39）。多元主体构成的微更新工作团队共同形成项目策划设计方案，包括总体方案设计、居民方案讨论会、部门沟通、方案宣传展示活动等工作。

（2）项目实施中

从资金申请、监督实施、投工投劳等方面形成共建共享的实施机制。针对居民参与，可通过投工投劳、认领守护等方式参与项目共建；工作团队可主动对接社区居民，针对项目中部分节点深化设计，在整体方案框架下对居民参与节点设计方案进行技术指导。针对资金来源，有别于单纯的财政投入，可通过整合条线资金、居民众筹、企业捐赠等方式多渠道筹措项目建设经费。一方面，向街道办、区相关职能部门乃至更上级部门在立项和资金等方面申请支持；另一方面，整合条线资金、居民众筹、社区基金、企业捐赠等方式多渠道筹措项目建设经费。关于党组织的引领作用，社区党组织在项目推进中

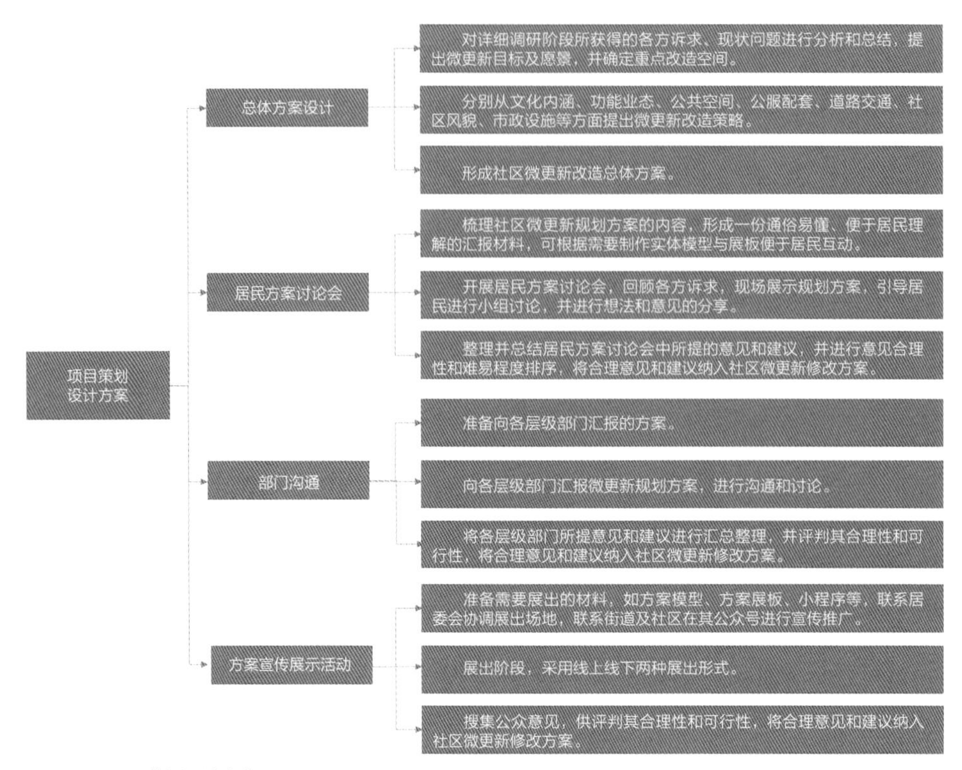

图 4-39　项目策划设计方案

发挥统筹作用，充分发挥基层党组织组织动员、宣传发动优势，搭建议事协商、沟通平台等，协助项目实施中的相关团队施工方案的设计在整体方案框架下开展，并监督方案实施的成效；协助社会组织、居委会发动居民参与社会微更新改造活动，举办相关社区微更新改造的课程和培训。

（3）项目完成后

充分体现项目的公共服务属性，引导形成多元参与的志愿维护管理机制，并营造社区优美空间和消费场景，培育项目的自我“造血”能力。一是看功能的实用。突出公共属性，植入的功能应符合居民需求，要能实实在在解决居民急难愁盼的问题，建成后应体现全民可参与、易进入、能共享；重视美学应用，突出居民场景体验和审美观感；重视文化挖掘，充分挖掘和展示利用社区在地文化。二是看运营的机制。是否有专业的社会组织、社会企业等机构开展后期可持续运营，有一定造血能力；是否成立居民志愿者队伍对项目进行管理维护。形成居民自治组织、志愿者、专业社会组织等多元主体参与的可持续、全生命周期的运维机制，明确不同周期运营维护重点，确保更新项目持续发挥价值。

社区经验

锦江区水碾河路南社区西临一环路，南临锦东路东大街段，紧邻春熙路、太古里商圈，地理优势明显，交通便利，具备较强发展潜力。院落为原锦江供电局职工宿舍，但院落建设年代早，基础设施陈旧，居住环境较差；线路凌乱、管网老化、空间狭窄、杂物乱放，且无消防通道和安防设备，安全隐患突出。由于地理位置较好，院落大部分房屋(75%)为出租状态，人员结构复杂，院落管理难度大。

社区充分利用辖区内老旧院落区位优越、出租率高的优势，与国内共享居住的代表企业“小猪短租”公司达成合作，统一改造提升，彻底转变院落老旧杂乱、配套设施不足的状况，有效提升院落居住环境。在经营、治安、物业等方面统一租赁设计、统一实施管理，实现平台化运营、智慧化管理、共享化服务，并将每年部分经营收益作为分红与居民共享（图 4-40）。

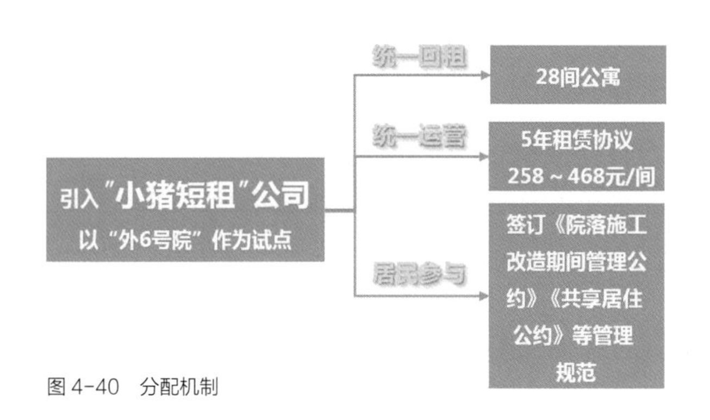

图 4-40　分配机制

公安
POLICE

第五章

百花齐放的成都社区微更新实践

- 老旧院落整治
- 老旧建筑活化利用
- 绿地广场改造
- 社区闲置空间改造
- 街道空间提升

2019年至今，成都市3039个城乡社区在居民“家门口”共打造实施了4140个社区微更新项目，其中市级示范项目1035个（图5-1）。社区微更新已成为社区居民备受肯定和欢迎的民生工程，第三方测评结果显示社区居民满意度达98%，基本实现了城市有变化、市民有感受、社会有认同。中央、省、市等多家媒体，对成都经验进行了宣传和推广，成都经验做法被四川省城乡基层治理委员会采纳向全省推广。同时，通过实施社区微更新项目，全市培养和凝聚了一批党建引领社区发展治理的市场主体、社会组织和居民骨干，这些力量为全省类似项目提供了技术、资源输出，并在各项工作中发挥了积极作用。

图5-1　新都新桂东社区微更新项目实景

社区是城市的基本单元，市民对一座城市的认知和感受往往来源于社区。由成都市委社治委主办的社区微更新创意项目竞赛活动已举办三届，旨在评选出一批回应市民需求、彰显地域特色、突出文化创意、提升功能品质的优秀社区微更新项目，激发和调动社区居民参与城市更新的积极性，让邻里更加和谐，让生活更具质感，让城市更有温度，全面助推高品质和谐宜居生活社区和美丽宜居公园城市建设。

在成都市社区微推进的发展过程中，更加注重人本关怀下社区邻里关系的重建，更加注重以社区环境综合整治和公共空间系统性更新带动城市复兴、提升城市宜居性；更加注重文脉传承下文化资源的保护与创新性利用；更加注重微更新过程中多元主体的参与。成都市可复制可推广的社区微更新工作方法基本成型后，成都市委社治委组织了多轮面向社区的培训，使得全市各类型社区微更新实践探索遍地开花，成为回应人民美好生活向往的又一张城市名片。

5.1 老旧院落整治

5.1.1 和风雅韵宜居“书院”更新记

书院雅居位于邛崃市临邛街道考棚社区，现有住户 36 户、党员 10 名，原为邛崃一中教师宿舍，90% 住户为退休教师。书院雅居更新项目充分结合书院学道衙门、钟鼓楼等文脉元素，以居民参与为主线完成院落微更新改造，并搭建兰香雅室志愿服务共享驿站，落实院落自治管理。

（1）一个院子，点燃项目的引线

书院雅居修建于 1996 年，居民多数为曾经一起工作过的教师，从院落建成就一直居住在此，对院落拥有深厚的感情，院落是他们共同生活、共同活动的“大家庭”。随着时光的变迁，院门墙面破损、院坝地面坑洼、活动空间房屋破败等问题愈发严重。2019 年初，陆续有居民向考棚社区反映院落现况，希冀能够改善院落环境。

（2）三个关键，确保项目的实施

为推进书院雅居院落更新，考棚社区抓好三个关键，即方案策划、居民参与、长效机制。

找准居民需求，策划出居民放心满意的改造方案。考棚社区在收到居民院落改造想法后，积极动员院落党员、居民骨干、社会组织、设计团队组成社区规划创意小组，以居民坝坝会、院落党小组会议、社区规划师参与、上门入户等形式（图 5-2），全入户、全摸底，逐一了解住户的改造想法和意见，收集到意见建议 10 条，采纳 7 条。同时，充分考虑到居民拥有闲暇时间和绘画特长，融入全员参与要素，打造参与式改造方案，比如剔除了原需聘请

图 5-2　多种方式收集居民更新意见

居民捐赠花草

墙画创作

居民勾画停车位

图 5-3　居民参与式改造

专业机构完成的手绘部分，改由居民完成。最后，经过七轮“意见收集、方案修改、反馈完善”循环后，确定了院落更新方案。

坚持参与式改造，让“身怀绝技”的居民有所为。书院雅居院落更新中，36 户住户不仅众筹资金 3600 元，还投工投劳参与到三大方面 6 个关键节点的更新改造中（图 5-3）。在文化氛围营造上，邀请张芹真老师的学生李兵亲自为院落题写了“书院雅居”四个字作为门匾，由闫少林老师带头手绘 3 幅展示考棚文化、学道古街、钟鼓楼的墙画，并将原有的公示栏摆放位置打造成师道文化角，展示师道文化和居民书法作品，将文化元素融入院落改造的每一个细节，展现书香社区风采；在环境美化提升上，对院坝地面进行硬化，并由居民勾画了停车线规范停车秩序，增加院坝可活动空间，同时朱明红老师等 8 人拿出 27 盆绿植打造小微花园，与居民阳台的“空中花园”相映成趣；在健康生活空间打造上，修缮了活动空间兰香雅室，将“阳光书画社”成员捐赠的 7 幅书画用于空间布置，院落居民还约定了错时使用规则，提高活动空间利用效率。比如，闫少林老师成立的“国学朗诵社”长期利用上午时间在此排练诗歌朗诵。

建立激励性管护机制，营造共治共享的社区氛围。院落居民共同商定了居民公约，并由戴崇华老师将居民公约书写上墙，“书院是我家，宜居品质靠大家。邻里和睦，相互尊重，谦让团结……”既是院落住户之间的共同约定，也是院落和谐友爱氛围的真实写照；院落居民自治，按照每年每户 600 元物业费、每车 150 元停车费的标准，由院委会统一收取，用于门卫聘请、邻里活动等院内公共开支；建立“兰香雅室”志愿服务共享驿站，细化志愿服务积分兑换制度，院落居民参与日常维护即可获得相应的积分，并将积分兑换与辖区企事业单位及商家共享资源进行链接；推广错时停车、爱心超市等共享项目（图 5-4）。截至目前，院落居民累计积分 420 分，已兑换停车券、超市商品、观影票等 4 项共享服务 104 次。

建筑改造

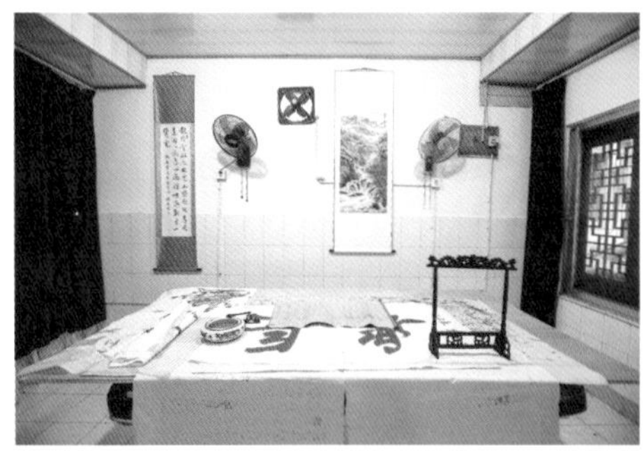

分时共享居民活动

图 5-4　“兰香雅室”志愿服务共享驿站

（3）三个转变，突出项目的成效

①组织形式的转变。社区改变以往大项目、大投入的思维，从小区环境整治、设施改造等微小空间、微小问题、微小投入着手，积极寻找党员、居民骨干、驻区单位、社会组织等主体作为共治伙伴，深度参与社区治理与服务创新活动，让更多的主体共建共治，让社区告别“独角戏”。

②参与方式的转变。积极搭建居民能畅所欲言、展示才能的平台，让居民以主人翁的角色参与规划设计、参与共同建设、参与社区活动，并及时对居民参与行为予以认可，从而不断提高居民参与意识和参与能力，增强社区凝聚力和归属感。

③运行机制的转变。改变以往大包大揽的“保姆式”观念，将居民参与完成的项目交由居民自行管理，并建立长效运维激励机制，以精神鼓励和物质激励相结合的方式，激励居民长期长效参与，实现居民自我管理、自我服务。

5.1.2 共建美丽公园城市，共享宜居空中花园

菜蔬新居小区位于天府新区华阳街道安公社区，小区建于 1999 年，是农民统规统建小区。项目启动前，由于年代久远，小区里没有一片绿，没有公共活动空间，居民缺乏沟通交流的平台，关系淡漠矛盾突出，小区楼顶居民普遍把楼顶区域占为己有，砌了围墙搭了板房开了鱼塘成了鸡场……堆满杂物脏乱不堪，小区居民多次反映寻求解决。2018 年习近平总书记在天府新区视察时首次提出建设公园城市的宏伟理念，勾勒出了未来城市的理想蓝图，体现了人民对美好生活的新期待。一个老城区公园城市的梦和老旧院落楼顶违建治理、居民微空间营造计划在社区党组织和居民的多次协调碰撞中随着微更新项目的实施应运而生。

（1）居民诉求，老旧小区公园城市新表达

“共建美丽公园城市 · 共享宜居空中花园”项目通过党建引领动员居民自发拆除楼顶违建，打造 1100m^2 楼顶花园，划分和谐邻里、种植体验、怀旧文创、城市文明等多个特

图 5-5 改造后的空中花园

色活动区，实现由小区居民共同承担日常管理维护责任，过去脏乱差的闲置屋顶蜕变成为远近居民文化活动的小公园（图 5-5），成为老旧院落居民参与公园城市建设融入社区发展治理的新表达。该项目探索了建设公园城市的新思路，有效释放老城区蕴藏的潜力空间，把楼多地少的短板彻底扭转；构造了城市大地新景观，通过高水平的规划设计，极大地改善了周边环境，通过将违建治理、杂物清运、生态植入、空间再造，让老旧屋顶焕然一新；构建和谐邻里的新典范，通过党建引领居民共建美丽家园，一个楼栋就是一个家，一个小区就是一个家，全面提升人民幸福感。

（2）居民参与，党建引领美好生活新方向

党建引领美好生活新方向，在多元参与方面，该项目居民参与贯穿整个项目始终，小到手工大到雕塑，都倾注了大家的心血；大家建立了公约，签订了责任书和协议，小到

签订维护责任书

居民动手维护

图 5-6　居民共建共管空中花园

遇猫遇狗，大到安全和维护都有居民具体负责，真正实现了政府一次投入居民长效共管；有了这个小公园，谁家缺个葱少个菜随便采摘，从过去邻里互不认识到现在天天一起畅聊家常，不是亲人胜似亲人，搬出去的房东们纷纷收回了房屋搬回小区，花园的留言板上满满地记载了大家对现在美好生活的幸福表达。党建引领全民参与，通过全面发动居民参与签订拆违同意申请书、集中召开宣传动员会、共同参与设计建设验收、实现全民行动全民参与，从源头实施违建治理，拆除楼面基础违建。建立长效共管机制，充分发挥社区和居民主体作用，建立花园管理公约、签订绿化、安全共管等责任书，打造居民共建共管的空中花园，约定每个人的责任义务，促使花园的每一块草皮、每一个共享花箱都有专人管理维护（图 5-6）。共建共享美好生活，通过发动居民把家里的老物件、老照片、老证书都捐献出来打造文化记忆长廊，设置共享图书角、旧物创意区，通过开展空中夜话、和谐邻里等互动品牌活动实现居民忆苦思甜展望新时代，推动共建和谐家园。

居民感受

在空中花园打造前期做 6 楼住户工作时，有一个老大爷在楼顶用各种容器种植了很多蔬菜，连片打造楼顶空中花园就需要对这些蔬菜进行处理。在做老大爷思想工作时，他说什么都不愿意处理这些蔬菜，他表示自己种了一辈子的庄稼，后来因为华阳经济发展，房屋折迁土地征收后就只能在楼顶种一些蔬菜了，现在要把他这些宝贝处理了，是不能同意的。后来经过多次协调以及征集了很多居民的意见和建议，在空中花园打造时，专门规划一个共享采摘区，用于蔬菜的种植和采摘，既满足居民们的种菜习惯又不影响空中花园的整体性和美化性。得知这个方案后，老大爷终于配合将前期种植的蔬菜进行处理，支持空中花园的打造工作。

小区居民积极参与屋顶花园的打造。一位爱好绘画的杨姓志愿者带着朋友，免费为楼顶画了几面墙的彩色画。他们把原本的水泥墙面当成画布，描画出林间小溪、梅花鹿嬉戏的生动画面，灰蒙蒙的老旧屋顶瞬间就焕然一新了。

（3）居民认可，社区发展民生难题新思路

微更新项目除了本身的价值更应有延伸的社会价值和广阔前景，该项目不仅解决了老城区楼顶违建的城市顽疾，也解决了老小区楼顶防水的重大民生问题，而且实现了老旧小区之间楼体相邻，通过空中花园联通各个小区，甚至可以建成楼顶空中绿道，楼顶“欢乐跑将”是幸福新时代美好生活的新场景。①科学谋划可复制。按照重防水、减承重、易养护的原则，以专利产品为保障，该项目楼顶的针叶佛甲草是专利产品，十年不浇水免维护，土壤厚度仅 3cm，重量轻，为老楼建筑安全量身定制，草种不扎根，不但不破坏防水还涵养土地，大大延长防水时间，真正奠定了推广基础。②精心设计可推广。按照易养护、品质高、惠民生的原则，长效延缓屋面建材的老化，增加屋面的使用寿命，保护建筑构造层，彻底解决老楼漏水、热岛效应、安全隐患等问题。③多元参与可持续。通过引导企业探索从居民需求创新研发，大力培育小区自组织，开展邻里交流互动活动，增强邻里关系，破除陈规陋习，同时将文明风尚、道德风化等市民教育潜移默化地融入市民日常生活，打造了邻里易进入、可参与、能共享的空中花园（图 5-7）。

图 5-7　空中花园中丰富多彩的居民活动

5.1.3　古有六尺巷，今拆一堵墙

宏瑞阳光郦城小区在社区和居民的共同努力下，用了一年多时间把横亘在新老小区的一堵墙拆了，新老小区的合并，连通邻里心，实现了新老小区资源共享、睦邻融合。

宏瑞阳光骊城小区位于青白江区大同街道一心社区，紧邻凤凰湖生态湿地公园。现有住户 268 户 853 人，小区党支部 1 个、党员 19 人，社区治理骨干 50 余人。宏瑞阳光骊城小区曾是被一墙相隔的两个小区，一个是 2000 年修建的老旧小区，存在环境脏乱差、偷盗现象频发、设施设备不足等问题；一个是 2015 年交房的商住小区，存在停车位缺乏、公共资源不足、消防通道缺失等问题。居住在两个小区的居民，均对各自的小区居住环境意见大，矛盾纠纷不断。社区党委坚持以问题为导向，聚焦居民需求，通过组织连心、项目交心、服务暖心的“并院三部曲”，发动居民全员参与、主协商，实施“拆墙并院”，实现宏瑞阳光骊城商品小区与老旧小区“合二为一”（图 5-8），取得了“1+1>2”的治理效果。

（1）组织连心，打破隔阂，成为一家人

为更好地解决新老小区的问题，小区党支部牵头开展“组织找党员、党员找组织”活动，挖掘发现了一批以退休干部、老教师为代表的，热心公益、乐于奉献的小区治理

图 5-8　小区大门更新改造前后对比

“红色粉丝”。发挥业委会、物业服务公司、开发商、小区单元长、楼栋长、网格员、党员群众等“粉丝”力量和智慧，历时一年半时间实施“敲门行动”，经过多次商讨和征求居民意见（图 5-9），最终得到了两个小区居民 100% 的支持，在征求群众意见、解决群众诉求过程中不断完善，最终形成了项目实施方案，确定并实施了“拆墙并院”。并组织发动小区居民对生活家园进行打造，居民既是“设计师”，也是“泥水匠”，居民出力出资，共同建设幸福美好家园。

图 5-9　老旧小区居民共同参与方案讨论

（2）项目连心，互帮互助，邻里更融洽

“拆墙并院”后，新老小区实现了基础设施、物业管理、公共服务的共建共享（图 5-10）。在充分征求居民意见的基础上，在小区公共区域建设卵石按摩步道，增加凉亭、象棋桌凳、健身器械、休息座椅等休闲活动设施；修建怡心亭，倡导面对面沟通交流，探索在开放式公共空间内调解矛盾纠纷，增进小区和谐。同时，在“红色粉丝”、退休老干部沈跃富的多方奔走下，商住小区房产证办理成功按下“重启键”，切实解决了老百姓的揪心事。

（3）服务暖心，提升品质，凝聚向心力

了解到居民希望能有小区活动场地的需求后，社区党委牵头协调物业机构，在原来物业办公区域打造“逸兴轩”微阵地（图 5-11），实施亲民化改造，提供社区配套服务，下沉免费服务事项 10 余项，覆盖城市会客、党员角、兴趣学堂等功能，实现居民就近办事。

围墙拆除后

凉亭修建后

老旧小区拆除围墙改造后

图 5-10 拆墙并院后实景

同时，创新“社会组织 + 志愿者”模式，整合资源，开展“艺塑生活”、举办暑期亲子结对活动等，激活邻里关系。小区微阵地，既是支部活动阵地、小区治理共商交流平台，又是社会组织举办公益活动的场所，还是居民看书阅报、书法绘画、下棋对弈等的休闲港湾，更是为小区居民带来归属感和获得感的邻里之家，是小区人气最旺的地方，通过活动的开展一种浓厚的“家”的氛围逐步形成。

图 5-11　“逸兴轩”微阵地建设后

5.1.4　“共享居住快乐音符”院落微更新提升

2020 年 6 月，位于锦江区牛市口街道路南社区始建于 1991 年的外 6 号院完成了提档改造，院子里老旧色彩的红色砖墙与黑灰色铁艺钢架碰撞、明亮的落地窗、加装的定制电梯……改造中充分融入老成都元素，让这个昔日脏乱、破旧的老旧院落化身为老成都韵味与现代时尚兼具的“产业院落”（图 5-12）。

外 6 号院坐落于一环路东四段牛王庙地铁站旁，地理位置极好，是 1991 年修建的成都电力职工宿舍，西临一环路，南临锦东路，占地面积 1873.34m^2。房屋结构为砖混结构，共有 2 个单元，一梯两户，高 7 层，共有住户 28 户，房屋户型为套二、套三，套二面积为 59.43m^2，套三面积为 74.38m^2。改造前，此出租率高达 80% 的院落存在租户流动大、公建配套设施落后、公共线路管网老化等现象。

图 5-12　外 6 号院改造前后对比

（1）引入新业态，打造新场景

牛市口辖区老旧院落大多位于一环路、蜀都大道和东大路沿线，紧邻春熙路、太古里商圈，地理优势明显，交通较为便利，具备较强发展潜力，市场主体、新经济业态等盼望合作，但又缺乏介入的途径和机制，许多优质资源没有得到充分挖掘和有效利用。针对这一实际，规划设计师确定了“社会力量来参与、社区居民共协商、共享科技优场景、市场运营添活力”的基本思路，与国内共享居住的代表企业“小猪短租”公司达成合作，充分利用辖区内老旧院落区位优越、出租率高的优势，以“外 6 号院”作为试点，共同破解老旧院落管理服务差、治安状况乱、基础设施旧、生活品质低、共同治理难等问题。

（2）做好“总策划”，当好“总指挥”

①做好“总策划”。着眼市场需求和辖区实际，有针对性地加强产业院落、产业社区发展的顶层设计。一方面，坚持高站位统筹引导。贯彻市委、区委关于推动城市有机更新的决策部署，确保院落转型升级符合“人城产”城市发展逻辑，满足人民群众对改善居住环境、提升生活品质的需求。另一方面，强化相关政策运用，激发和放大市场主体参与旧城改造的意愿和积极性。在院落消防通道建设、周边公共绿地使用、院落外立面装修以及加装电梯等方面给予企业政策支持，为项目顺利实施打通障碍。

②当好“总指挥”。充分发挥牵头作用深度参与项目建设，全方位强化项目服务保障，全程进行动态监督管理。一方面成立专项领导小组，组建项目推进、安全监管、综合治理等 3 个工作专班，建立常态化工作推进机制，有力保障项目建设衔接顺畅、推进有序。另一方面，多方协调推进，通过“街道呼、部门应”联动机制，协调区级相关部门。以“集中办公、统一解决”的形式，解决项目设计方案审核、外围环境打造、安防联网等具体问题。

（3）产业植入精准，生活场景更优

①统一租赁设计。通过在市场行情基础上整体上浮租金并逐年递增，将每年部分经营收益作为分红与居民共享等措施，争取到院落 21 户居民主动出租房屋，变原零散、混乱的出租方式为统一租赁方式。邀请清华大学建筑设计院等专业机构对院落景观、室内装修等

图 5-13　改造后的出租公寓内部

进行设计，使院落形成城市美学和生活美学相融合的整体效果（图 5-13）。

②统一改造提升。对院落外立面、公共空间和外围绿地等进行整体设计和美化，对院落线路进行序化，增设电梯、增加消防和安防设施设备等，彻底转变院落老旧杂乱、配套设施不足的状况，有效提升院落居住环境。

③统一管理运营。由“小猪短租”公司建立统一的专业运营平台，提供“一站式”“智慧化”“专业化”“个性化”的共享居住生活服务，在经营、治安、物业等方面实施统一管理，实现平台化运营、智慧化管理、共享化服务。

（4）创新微治理，注入新活力

紧紧围绕构建“一核三治”治理体系的要求，在“外6号院”积极构建有党组织、有促进会、有管理公约、有共治活动的“四有”院落治理平台，将业态准入、风貌品质、经营秩序等纳入协商共治，形成多方协同治理格局，提升居民满意度和社区治理水平。

①党建引领凝聚共识。以“社区党委、院落党支部、基层党员”三级引领，充分发挥基层党组织战斗堡垒作用，在项目实施过程中，采取“分组包干、上门入户”和召开座谈会等方式，宣传解读政策、讲解“共享居住”业态理念及发展优势，充分发挥院落党员先锋模范作用，带头签约，引导院落居民积极参与院落改造，推动居民达成共识，为项目启动和推进提供坚实的群众基础。

②居民参与合力共建。以院落自治促进会为桥梁广泛收集院落居民意见建议，加强与街道、社区、企业实时沟通，积极为项目建言献策。充分发挥院落居民主体作用，成立由院落小组长、楼栋长和原住民代表为成员的监督小组，监督公司施工建设和管理经营活动，推动项目顺利实施、规范运营。

③建章立制保障共治。由社区党委牵头，组织院落居民和“小猪短租”公司共同研究制定了《院落施工改造期间管理公约》《共享居住公约》等管理规范，就施工期间以及运营后的管理规范进行约定，为实现长效治理提供制度保障。

④民主协商多方共赢。搭建起政府、企业、居民三方沟通协商平台（图 5-14），组织院落居民与“小猪短租”公司开展座谈交流，就合约条款、居住安全、经营规范等相关意见进行民主协商并达成共识，实现环境增优、房屋增值、居民增收等效果。

图 5-14　社区工作沟通协商会

辖区内的居民群众表示，此次改造，他们都能参与到项目的规划、实施及后期维护和运营过程中来，项目实施充分尊重民情、采纳民意、体现民心，他们亲自见证了院落在政府、企业、社区、党员、居民和各单位等多方努力下，从原来的老旧杂乱、安全隐患、生活不便的老旧小区，变成环境优美、公共设施齐备、温馨和谐、管理有序的生活空间。

5.2 老旧建筑活化利用

5.2.1 “爱乐园”的蝶变新生

锦江区锦华路街道晨辉社区爱乐园位于晨辉东路 183 号，打造前是一处闲置空间，长年利用率低，车辆乱停乱放，环境脏乱差。为此，社区党委以微更新为契机，打造了充满活力与艺术气息的新型空间，重塑有温度有质感的社区生活，推动公共空间与社区文化共生发展，有效回应了全龄段居民对美好生活向往，实现了蝶变新生（图 5-15）。

（1）以爱问需 —— 干什么？居民说了算

社区党委通过线上线下相结合形式，前后开展四轮调查，征集 42 个企事业单位和 6060

图 5-15 “爱乐园”改造前后对比

户居民意见，收集问卷 8200 余份。经过集中梳理汇总，最终确定便民、文教、社团、休闲、体育、康养六大类需求，兼顾老年、中年、青少年儿童等群众八大主要功能（图 5-16）。

（2）以爱众筹 —— 没有专项资金？大家来众筹

社区党委充分发挥党建引领优势，通过“校商企社联合党支部”“社区红色人才库”两条路径，全面发动各方众筹。在筹物方面，居民自发购买绿植花卉，捐赠老旧物件；学校组织“绿植兑换”等项目，筹集绘本图书、玩具、材料等；商家企业送来桌椅、活动物料等物资。在筹资方面，社区以公益筹集资金、社区企业运营等自我造血资金，撬动社会资金共计 200 余万元用项目运营。在筹力方面，小区居民自发栽种绿植花卉，“乒羽”组织自建自营运动角，学校师生主动承担墙体等立面美化（图 5-17）。

多元主体参与

被一致认可的设计效果图

图 5-16　居民共谋改造方案

图 5-17　居民参与花园打造

（3）以爱共建——怎么建？全体齐参与

社区党委整合学校、驻区单位、院落骨干组成了 12 人的社区规划师队伍，邀请上海东华大学专业设计团队，依托全龄友好生活空间打造了锦华路街道社工站、社区筋骨站、创享生活馆、社区微型美术馆、社区发展支持治理中心、在地文化研究中心、社区全龄美育中心、非遗中心、社区剧场美中心等功能分区，为居民提供便民、文教、社团、休闲、体育、康养等六大类 23 项服务。

（4）以爱赋能——咋运营？持久保持活力

社区党委创新四项机制，统筹建设与运营，实现持续健康发展。建立运营机制，引入“爱有戏”社会组织和兴邻社会企业参与运营，形成更专业、更精细化服务体系。健全维护机制，通过会商出台场地维护公约、管理公约，明确各方管理责任。探索造血机制，以“空间换服务、平台引组织、项目推活动”为运行方式，以“公益 + 市场”双向互动发展，用“低偿 + 收费”的服务模式实现公共空间运营及可持续造血。完善共建机制，搭建居民议事平台，建成社区便民服务站，协调街道社会工作站、社会组织、社会企业孵化中心入驻，推动共建共治共享进一步落地落实。

居民感受

高龄老人张婆婆：在家门口就可以散步；宝妈们：有了安全友好的遛娃空间；乒乓球羽毛球等运动爱好者：有了公益运动的地方；黄嬢合唱队舞蹈队等自组织：有了合适的排练和活动场地；幼儿园学校：就近有了很好的校外教育实践基地……各层次各年龄段的居民均表示非常开心，在这里得到了各自的需求回应，解决了他们拆迁安置小区周边多年来公建配套不足的现状，有了这个空间，自己的生活质量提升了，生活更加幸福美好。

5.2.2 废弃食堂的“华丽转身”

“树袋熊的家”前身位于新都区桂湖街道新桂东片区，该片区始建于 20 世纪 80 年代末，面积约 4.7km^2，常住居民 3.7 万人，流动人口近万人。以前曾是新都的主城区，随着城镇区域东扩，后续发展没有跟上，导致环境脏乱、设施老化、服务经营无序、居民公共空间不足等城市病逐渐显现。面对种种老旧城区存在的问题和困境，“树袋熊的家”在群众的呼声中“应运而生”。以党建为引领，以城市有机更新思路为指导，以低成本微更新手法为路径，让一个废弃多年的破产企业（印利制版厂）中心食堂“华丽转身”，“摇身一变”成为以儿童共享书吧为核心，集儿童陶艺吧、儿童艺术展廊、儿童创智花园菜园等于一体的社区儿童共享空间 + 居民交流场所（图 5-18）。

图 5-18　改造后的“树袋熊的家”

（1）盘活资源，补齐生活要素

“树袋熊的家”修建于 2019 年，占地面积 $1km^2$，通过探索区域化共建方式予以实施，明确了以社区党委为主体，以体现群众需求、感受的“有感”发展为目标导向，利用闲置空间进行微更新，打造充满回忆的涂鸦壁画、文艺复古范的老巷子和供小朋友免费使用的图书馆，通过社区自治和空间改造，为居民提供一个像家一样温暖的活动空间。从项目的发起到落地实施再到投入运营，全过程中始终有群众的参与和支持，有社区规划师的研究指导，还有社会组织团体的服务创造。项目投入使用后，通过引入社会组织，以高校公益师资和学生志愿者为主体，以发动社区居民和儿童采用低成本微更新手法，打造儿童共享空间＋居民交流场所（图 5-19），以社区儿童活动中心为载体，为社区适龄儿童提供各类公益服务。

（2）共同缔造，凝聚发展合力

居民参与促同心。积极引导居民参与，发动周边社区儿童和居民以种菜刷墙、整理图书、打扫卫生等方式参与共建活动，提升公共空间品质，培养社区居民的参与感和认同感。同时，建立了儿童社区志愿者团队和家长志愿者团队，在专业志愿者导师的培养下成长为日常管理运营的主力军。比如，志愿者团队定期为儿童提供免费阅读服务，每周固定时间开展借阅书籍、听故事、讲故事等互动体验活动，儿童参与阅读活动的积极性日益提升，不仅前来阅读的儿童明显增多，而且孩子们积极参加服务工作，社区营造的互动效果好。

区域结对促共建。以社区党委为主体，积极吸纳单位机关、驻区高校、社会组织等各方资源力量，构建起“1+11”区域化联建机制，逐步实现了社区发展治理多元主体的“同频共振、同心协力”。一方面，通过政府采购一部分低偿课程覆盖部分成本；另一方面，链接优质高校公益力量和省市图书馆等社会公益资源服务老旧社区，在开阔老旧社区孩子们的眼界、实现新旧城区教育等值的同时，拟通过开展高质量的活动和自媒体推广，逐步形成社区儿童公益活动品牌。

商业逻辑促发展。通过商业逻辑公益运营的方式实现“树袋熊的家”可持续。搭建“爱

图 5-19　儿童活动公共空间

心公益商家联盟”平台方式，引进培训机构低价为儿童提供阅读、美学、手作等社教活动；引进社会组织对志愿者进行阅读导读培训，每周定时开展“童伴妈妈讲故事”“小小树袋熊”等公益活动，打造家长儿童的“成长课堂”和邻里之间的交流空间。

社区经验

此次更新项目中的社区规划师通过对该片区进行了深入调研，针对社区缺乏儿童图书馆以及公共空间利用问题，建议利用社区闲置的公共空间，以社区微更新为抓手，打造儿童共享空间 + 居民交流场所，以高校公益师资和学生志愿者为力量，整合辅导社区现有社会组织及社区退休教师团队，倡导关爱、分享、绿色的教育理念，促进社区儿童和居民高度参与社区创造性活动。结合在新都的一个乡村振兴项目“芳华桂城”的节点区域，在树上打造了一些儿童活动屋，让孩子们感受在树屋里玩乐的奇趣，故把该废弃食堂改造后取名为“树袋熊的家”。这次在儿童活动中心的打造上，设计团队引入“树袋熊的家”的品牌理念，利用闲置的旧食堂以及周边微绿地，用低造价微更新生态化理念，倡导关爱分享绿色教育，设置了社区儿童菜园、儿童共享书吧、儿童艺术共享展厅、儿童服装设计、儿童手工作坊等共享空间。

（3）以小换大，促进有感发展

以微空间换大景观。通过空间美化、功能再造、业态更新，汇集更多群众、单位、组织共同参与，集聚各方社会资源，以点带面发挥社会作用，让“树袋熊的家”更富有人情味和特色化，实现小微公共空间的品质提升，为居民创造良好的生活环境。以微活动换取大参与。2019 年 4 月，以“在新桂东社区公共空间培养儿童阅读习惯”实践活动为研究内容的课题，在哈佛大学参加了路演并获奖；7 月，分别邀请了金沙博物馆、大熊猫基地等优质教育资源走进新桂东片区为孩子们开设公益课，让他们与中心城区的孩子们享受到同等的教育资源；同年 9 月，劲浪体育为孩子们带来公益运动课程。随着运营的不断精进，优质的儿童公益活动将不断地链接到老旧社区，激发老旧社区的发展潜力，提升老旧社区的片区价值。

以微更新换大协同。坚持以人民诉求为导向，以党建引领为统揽，以社区微更新作为突破口，主动顺应市民美好生活需求趋势的变化，将居民安居放心、环境舒心、邻里同心的“三心”生活社区作为发展定位，培育社群经济和社区经济，探索可持续发展的社区营造路径，让居民群众“失散”多年的心慢慢聚在了一起。

5.2.3 老旧平房变党群服务中心

成华区二仙桥街道下涧槽社区是原成都机车车辆厂生活区，始建于 1951 年，面积 347 亩[①]，共有 5373 户、14782 人，是一个典型的大型国有企业老旧生活区。这里曾是社区居民的痛点，也是城市品质提升中的“老大难”，环境脏乱差，设施老化陈旧，私搭乱建未受约束，公共空间受到严重挤压。为了优化社区服务功能，提高居民生活品质，二仙桥街道从保护与发扬机车厂特色地域环境，延续工业企业文化构筑现代生活美学出发，对位于机车厂生活区前五坪的老旧平房（建于 1952 年，占地面积超 $670m^2$，建筑面积 $310m^2$）进行空间再造和活化利用，集成优化社区生活服务功能，精心打造有人情味、接地气的社区党群服务中心（图 5-20），让居民切实感受到“服务就在身边”。

图 5-20 下涧槽党群服务中心改造前后对比

（1）聚焦“活化再生”，让空间美学更有高度

“改造、再造”一起上。社区与中车公司协调，将小区内建于 1952 年的两排平房作为党群服务中心选址点位，并对建筑外立面及周边环境进行整治改造，同时对中间 300 多

① 1 亩约为 $667m^2$

图 5-21　保留的社区文化记忆

平方米的厅堂进行空间再造，着力提升空间承载能力。“面子、里子”一起改。坚持修旧如故，最大限度保留老砖老瓦，保护性升级改造了原有风貌景观和工业遗产。同时，以机车文化为切入点，开辟老机具、老物件、老照片展窗（图 5-21），滚动播放《坊间机车记忆》口述历史、《二仙印象》纪录片，着力构建文化共同体，留存时代记忆。

（2）聚焦“场景营造”，让生活服务更有温度

公共服务便捷化。改造后，居民在“家门口”即可办理低保等 76 项公共服务，并开设 24 小时警务服务站，向居民提供户政业务办理、港澳台签注、身份证自助照相、车驾管业务等延伸服务。

生活服务场景化。结合居民日常生活需求，引导社区周边“小散”商户入驻社区党群服务中心，创新推出线上十线下互动融合的“睦邻帮生活服务平台”，为居民提供配钥匙、开锁、补鞋、缝纫、快剪理发、家电维修等生活类服务，同时也解决了部分社区残疾人、4050 人员的就业（图 5-22）。

特色服务专业化。引入社会组织整合执业律师、持证心理咨询师、政法干警、执业医师等专业力量为居民提供心理辅导、法律咨询等服务，推动社会力量服务社区发展。

成都公安24小时自助服务
24 hour Self-service of Chengdu Public Security Bureau

港澳台自助
签注一体机
车驾管业务自助服务机
打印出口

图 5-22 公共服务场景

志愿服务经常化。有效整合志愿服务资源，党员义工、“仙姐”服务队、大学生志愿者活跃在社区的每一个角落，“微风行动”“义仓”“睦邻帮”等社区志愿者活动为社区居民送去了温暖。

（3）聚焦“多元参与”，让社区治理更有深度

突出决策共谋。坚持群众的事让群众商量着办，充分发挥社区党组织凝聚人心、引领示范的作用，因地制宜搭建小区居民协商议事平台，由社区党委与社区规划师团队、企业、社会组织、居民群众携手，从改造倡议、群众需求调查，到商量设计方案、监督改造施工等方面，均让居民全程参与。

突出共建共管。发动居民积极投工投劳整治房前屋后环境，积极协调各方力量提供人财物和智力支持，并通过共同商议拟定居民公约等方式参与维护管理，不断凝聚共建共管合力。

突出效果共评。工作干得好与坏，让群众来评。改造后的党群服务中心空间环境更优、服务功能更强，已成为社区微地标、居民打卡地，群众的获得感幸福感均得到了极大提升。

5.2.4　集火实验室：工业遗迹中生长的社区社群共同体

集火实验室位于青羊区草堂街道小关庙社区狮马路 92 号及其周边的工业遗迹聚落。始建于 1965 年，这里先后是成都市精细化学制品厂、成都理发工具厂，20 世纪 90 年代至 2010 年初，被成都列为低洼棚户改造区，2010 年集火实验室入驻，通过植根社区的社会创新平台运作，使这里得以重生，2019 年被列为成都市历史建筑（图 5-23）。

（1）保护为底，重塑空间场景

历史原真性保护。尊重工厂各种历史时期的使用痕迹，如保留了不同年代的瓷砖地面、褪色的红色木门和墙皮脱落的火砖墙面；允许各时期的老旧物件重新摆放和使用，让不同

图 5-23　集火实验室鸟瞰图

时期的历史记忆碎片叠加，形成了一个具有历史原真性的空间；建筑改造采用的均为轻质、可撤销的做法，让空间与内容真正发生有机融合，比如被替换掉的梁柱、固化剂固化的墙面以及增加了保温层的青瓦屋顶（图 5-24）。

空间格局重整。对原有工厂的格局进行了梳理和调整，保留了整体的大空间，根据实际需求植入会议、洽谈、模型、创客、活动等分区，实现了在原有建筑结构上不做大改变的情况下进行功能重置，满足现代使用者在使用上的功能性和舒适性。

场景营造与多功能转换。为了满足不同场景使用的需求，在原空间的基础上进行适应性功能增强，如增加可升降式舞台、屋顶天台等以适应不同类型社区、社群的空间氛围。

节能环保与环境友好。空间改造中所使用的材料几乎都为环保可再利用材质，如地板来自回收的汽车包装板。建筑改造过程中产生的大量建筑残渣都被用在室内回填，没有给环境造成负担。同时，团队还将很多自主研发的创新材料用在了改造中，用前沿的技术去适配旧厂房的需求，如以轻质、阻燃、隔声的聚碳酸醋板取代玻璃作为采光瓦和屋门等。

在地的持续性更新。“集火实验室”并非一个营利性空间，而是将整个区域开放为一

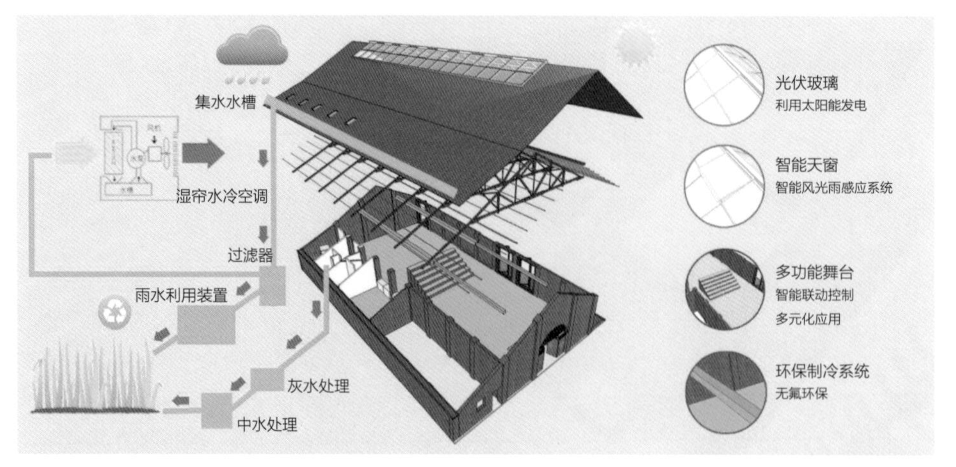

B 区厂房改造分析

B 区改造前　　B 区改造后

图 5-24　B 区空间改造

个半公共空间，不断为艺术、文化和创新类人群提供交互和展示平台，通过制造内容去推动空间的升华，最后带动周边的人、社区乃至城市不断进行在地持续性创新。

（2）创新推进社群活动

多维手段、资源互助、共建共享。推动与组织大量的文化、艺术及社区活动，充分发挥空间使用价值，先后发起“临时建筑实验室”“公益城市计划”“一月一次艺术计划”以及“未来社区拼图”等社区与空间实践计划。

社群资源平台构建，激活社区创新发展。社区社群活动先后举办了十四期集火社区沙龙和两期城市论坛，以“在日常讨论中，让讨论变得日常”为理念，话题涵盖教育、女性、读书、乡村营造等多个方面，吸引了近千人次参与；发起并参与了四届“Touch 接触即兴艺术节”、两届“集火街头运动会”、四期“集火开放夜”、两届“成都万有引力社群大会”等。与此同时，还开展了舞蹈身体艺术、接触即兴、创意写作、现代舞、即兴戏剧、青年成长、幼儿教育、合唱等多种内容、不同形式的互动活动（图 5-25），以及与各类社会人的联结。

图 5-25　社群活动

国际文化艺术交流。集火实验室曾作为丹麦“奥登塞人才营”的中国唯一合作方，与丹麦终身学习计划共同发起了丹麦—中国电影天才训练营；携手超英国创客共同举办中英创客生态交流分享沙龙“那些创造世界的人”。

集火实验室发起社区合伙人制度，联动优良社群资源与组织。提供基金支持，推动创意与更新在社区生根，与社区、街道、居民共建共治共享。

5.2.5　工人村居民参与式记忆博物馆

你见过 20 世纪 50 年代的结婚证吗？许多人都了解影视剧中出现的油票、粮票，到底长什么样，有哪些用途，然而 50 年代的结婚证却很少有人见过。在记忆博物馆时光邮局区域就摆放了一张 50 年代的结婚证，结婚证的主人是一对 80 多岁的老夫妻，从结婚到金婚，他们已经携手走过 60 余年。记得博物馆刚改造完成的时候，规划团队向全社区发布“老旧物品征集活动”，活动现场一下变成了“老友会”，因为捐赠者平均年龄为 73.8 岁，其中就有捐赠 50 年代结婚证的那对老夫妻。结婚证捐赠的当天，夫妻二人不让子女“代劳”，一定要亲自送到社区。社区杨书记接待时问道：“老人家，结婚证陪着你们从青丝到白发，更见证了你们‘牵手一生，白头到老’的爱情誓言，你们舍得捐赠给博物馆吗？”老爷爷显得很淡然：“结婚证见证了我们生活的点点滴滴，有艰苦、有无奈、有吵架、有埋怨，风风雨雨几十年，从我们的一个孩子、第二个孩子、第三个孩子，再到第一个孙子、第二个孙女……同时也见证了成都的发展，我们也从一无所有到靠双手创造了幸福生活。现在社区弄了这个博物馆，我们捐赠结婚证，也可以让它向更多的人讲述我们的故事、讲述社区的故事、讲述成都的故事。”

居民参与式记忆博物馆就坐落于金牛区驷马桥街道工人村社区，原为社区党群服务中心，一直闲置。为保留工人村社区建筑工人的文化记忆，社区党委沿着工人村市井文化、历史脉络及在地文化肌理，实施了微更新项目。项目建筑面积约 400m^2，室外空间约 1700m^2，共分 3 层，建成了集服务、社交、文化展示于一体的共享空间（图 5-26），让居民能体验过去、现在与未来。

图 5-26　记忆博物馆现貌

（1）参与式建设，焕发空间新生命

该项目由社区党委牵头，联络辖区居民、社区规划师、企业、单位征集意见、讨论协商，最终明确了项目“驻留记忆”“继承过往”“拥抱未来”的使命与职能。

居民共建。社区引进专业第三方机构，通过在地需求调研，并向周边居民征集老故事和旧物件，共收集居民意见建议 37 条、老故事 12 个、老物件 52 个，成为“时光主题”空间主要展示物。

单位共建。与驻地华西集团深度合作，共同打造党建活动空间“华西书屋”，引入“西仔文创工作室”，创建居民参与式互动博物馆，实现空间联用、活动联办、党群连带。

功能延续。通过设置便民服务站，延续原社区党群服务中心服务功能，兼具居民实际需求、社区美学空间，推动空间场景与社区互动有机链接。

（2）沉浸式体验，再现城市旧时光

博物馆融合市井味道与新文化创意，植入沉浸式体验板块，集中展现工人村市井文化。一楼还原工人村居民最熟悉的日常生活业态，呈现集理发、修表、织补、验光、配镜、盖碗茶、百货等具有年代记忆的消费场景。二楼通过旧物营造具有时代记忆的社区共享空间——时光邮局、时光照相馆。利用儿时的玩具、旧报纸、黑白电视，打造出“旧时光”主题的体验场景（图 5-27）。三楼和天台联合老匠人、老艺人打造特色文化体验空间，引进青少儿创意木作造物研习社，开设青少儿、成人、亲子创意木作研习课程，通过沉浸式体验传统木艺，让社区美育深入全年龄段。引入专业手工吉他匠人建设手工吉他工作室，打造天台“音乐工坊”，提供吉他定制、自制及维护服务，定期举办小型音乐交流会，开展“城市音乐露营”计划（图 5-28）。

（3）持续性运营，激活社区原动力

通过“政府搭台、社区唱戏、市场运作”的模式，实现可持续运营和社区自我造血。着力激活社区商业活力，引入主题 IP——夫余书坊、喜木造物、时光照相馆等机构，为居民提供社区阅读、VR/3D 打印、爱情主题婚纱拍摄、传统木艺特色课程等全龄段特色服务，

图 5-27　旧时光主题场景

图 5-28　城市音乐露营计划

提升社区商业活力（图 5-29）。着力推动社区就业，引入纤维艺术工作室，吸纳生活困难居民制作文创手工产品，进行线上定制售卖，承接艺术装置类业务，增加居民收益。着力实现社区造血，采用“公益 + 市场”模式，针对老人、特殊人群实行减免政策，同时设立会客厅时光基金，运营收益按比例反哺基金，常态化举办社区公益活动。

图 5-29　多元服务场景

居民感受

社区微更新的工作中最困难的部分是什么？是如何同时满足“原住民”与“新公民”的差异性需求。工人村社区可以追溯到 20 世纪 50 年代，当时主要由最早一批的“华西集体建筑”工人聚集而成。如今，辖区既有历经了社区 60、70 年代发展的“原住民”，也有新来成都落户的“新公民”。在微更新过程中，“新公民”希望居住环境变好，追求时尚新潮；然而“原住民”则认为不能单纯地变美，更希望在微更新的同时能够保留“城市记忆”和“烟火气”，要把在地的历史文化融入更新改造中。

“原住民”老林：我是一名华西集体建筑的退休工人，在工人村工作和生活了 57 年，社区聚集了我们祖孙三代人的共同记忆。现在我老了，我们居住的房子也老了。微更新让我们的房子获得了新生，也让我们的记忆得到了承载。特别是“时光邮局”，大家把原来生活的老物件放到这里，我们没事的时候和老同事过来看看，喝碗盖碗茶，聊聊几十年前的工作趣事，这让我的退休生活有了一个“老地方”，也有了一种“老味道”。

“新公民”李先生：我5年前来到成都、来到工人村，当时就是喜欢这里的便利通勤和“烟火气”。现在有了社区博物馆，不仅改善了以前废置党群服务中心的破旧样貌，还集中呈现了华西集体建筑工人的生活、文化和故事。每次带着孩子走进博物馆，仿佛是体验了一次“历史旅程”，让我们了解每个物件背后的一个家庭、一个故事、一段记忆，对这里的“城市文化”有了更深层次的了解和体会，也对这座城市有了更深层次的喜欢和热爱。

5.3 绿地广场改造

5.3.1 “5811 青龙记忆”用文化撬动共建

站台、火车、集装箱，青龙第一杯咖啡、儿时记忆的蛋烘糕、远听晨钟暮鼓近品青龙禅茶、歌舞秀、年代装……5811 青龙记忆广场，是城北最新打卡地。

“5811 青龙记忆”广场位于成华区青龙街道昭青路社区，打造前长期闲置，地块上搭建起不少违建，既影响观瞻，又滋生潜在安全隐患，且拆除又会产生新矛盾，一度让辖区居民有成见，管辖的社区也有意见。改造是必然，但怎么改，改来做什么，改造后如何长效发展？青龙街道党工委应用《成都市中心城区小游园、微绿地建设导则》，整合社区规划师力量，与四川创新社会发展研究院、长虹集团虹信软件等联手，经过一年努力，改造后的成效获得辖区居民和众多参观调研、打卡族群点赞。

（1）寻根——重塑归属新地标

要将一块“荒地”改造为居民认可的“打卡地”，如果仅对物理空间进行打造而不挖掘其“灵魂”，即使建筑再美观，也只是表面繁华而内心“空虚”，如何运用社区微更新、社区营造等手段，找到这个空间的真正价值？青龙辖区内，除了熊猫基地，还有什么符号可以成为流量 IP？地块周边，铁路家属院落多，老年人多，他们对这片土地有感情有记忆有期待。2018 年 7 月，青龙街道启动社区规划师制度，通过专题走访、问卷调查、居民见面会等方式，先后召开 4 次社区众创工作会，调查访问昭青路社区居民 8100 多户，约 20000 人，其中地块所在昭青区域 327 户，调研辐射 630 份样本。在充分调研和征求居民意基础上，利用社区规划师制度的专业性，发掘出“铁路文化”基因，利用 1958 年 1 月 1 日宝成铁路通车典礼在此举行这一时间记忆，成功找到在地文化的突破口，将项目命名为“5811 青龙记忆”广场（图 5-30）。社区规划师将地块精准定位为社区居民休闲消费的微广场，并赋予其“文创”“文化”“文商”“文旅”功能，得到了居民的认同和“违建者”的配合，项目改造阻力减小，矛盾纠纷有效化解。项目既唤醒原住民的年代记忆感，又打造出“文旅成华 · 蜀韵青龙”新地标，让异地来蓉的新市民重获“归属感”。

图 5-30　改造后的“5811 青龙记忆”广场

（2）聚力——共建智慧新风景

如何深刻领会共建共享的内涵？仅仅靠自上而下的力量打造出来的项目有可能是一厢情愿，还要充分挖掘自下而上的力量。青龙街道以发展为导向，聚合社区及社会资源，广泛发动居民和社会企业参与共建。社区党小组、居委会、家委会等相继“进场”，通过社区众创孵化、社区居民文化活动运营管理、微治理资源整合引进、场馆使用及管理等手段，为参与共建的各方都找到发挥作用的“角色阵地”。在硬件打造上，充分利用铁路文化元素，打造出站台、火车轮、集装箱载体等，为居民提供“花术照护”、商业经营等共建参与机会，为社会企业入驻经营提供空间场所。建成后，规划了“5811 铁路印记”等众多微文创项目，每月开展至少 8 场（全年 100 多场）群众需要的差异性公益 + 文化及培训活动，包括趣味曲艺展演、国学大家讲堂、茶艺家风礼仪、非遗手工传习、阅读、亲子文化体验、妇女权益讲座、儿童健康辅导、古琴古筝培训、居家创业讲座等十大类活动（图 5-31），为广场文化“软实力”建设注入内生动力。同时，利用街道开展智慧社区建设的契机，打造出“智慧社区科普基地”，为未来智能居家、智慧社区发展普及“未来生活”。市民可利用手机扫描广场上的菱形二维码，微信小程序“文韵昭青”上展现的各类社区活动一目了然，青龙街道所辖现代社区活力有了更清晰的展示，“5811 青龙记忆”广场也有了现代智慧广场的韵味。

图 5-31　群众参加社区活动

（3）集智——运维探出新路子

“来，拍照累了来一杯咖啡”“这是青龙第一杯咖啡哦！”2019 年 12 月，前来广场拍摄婚纱照的一对年轻人，被店主热情邀请坐下来品尝自己的手艺。这是“5811 青龙记忆”广场建成后经常出现的场景。咖啡、禅茶、蛋烘糕、智能台灯演示……在广场建设之初，社区规划师、研究机构就提出引进社会资源参与运维以实现共治共建共享。项目硬件打造完成后，由青龙街道党工委牵头，20 多家驻区企事业单位代表，10 家社会组织代表，50 名社区和大学生志愿者，联合发起成立了“5811 自治委员会”“驻区单位共建党支部”“环境专委会”，推进党建引领与社区自治、城市管理、环境卫生等深度融合，通过“花圃认领”、树木养护等，探索共享治理服务体系。咖啡、禅茶、蛋烘糕等营业收入（图 5-32），长虹、联通等企业在智慧社区展示空间的收入，均需拿出利润的一定比例作为社区基金用于广场运营维护，以此逐步构建起“社区 + 社工 + 社会组织 + 社会企业”的“四社联动孵化机制”，形成了“市场 + 公益 + 社区基金”的发展机制，为项目长效发展找到了“开源渠道”。

图 5-32　社区创新产业

（4）显效——由乱而治新画卷

“汽笛一声催人进，五八一一展新颜。东风唤来千家乐，共享迎来万户安”。在广场规划、建设、运维和发展的全过程中，体现出党建引领重要作用，绘出了一幅生动的“共建共治共享”画卷。截至目前，“5811 青龙记忆”广场已开展差异性公益活动 100 多场，吸引 20000 多居民参与其中，“公益 + 商业”的社区文创品牌影响力日增，社区基金池不断丰盈，如今，广场已成为居民休闲、文化活动、科普活动的重要场所，成为青龙街道继动物园、昭觉寺之后的另一张文旅新名片。

居民感受

居民王阿姨：我们在这里生活了几十年，看到5811环境变得这么优美，非常开心。我是社区文艺队的队员，现在这里打造好了，我们可以经常在这里搞活动、表演节目，还在这里参加过好多社区搞的集市，特别开心。

居民刘叔叔：我住在红房子小区，本来就是铁路局职工，5811围绕铁路文化打造，修建了火车头、站台、铁轨。这里有一个铁路记忆微博物馆，我还捐赠了一个以前工作时使用的工具。现在看到这些特别有感触，总能回忆起以前的珍贵岁月。

5.3.2 “十八匠”微更新点位“养成记”

更新前，这里是被遗失的城市一角，流浪动物长期在这里聚集，汽车、电瓶车长期在这里乱停乱放，不仅影响周边环境卫生，也给周边社区居民出行带来困扰。如今，借助社区微更新契机，郫都区郫筒街道奎星楼社区对此处进行了改造，一方面构建起高品质的生活休闲场景，有力解决了群众“最后一公里”的便民服务生活需求；另一方面，通过借助“十八匠 · 修匠心”一元微公益活动，实现了微更新点位的活化“造血”功能。

（1）微更新1.0：“老匠人”有了落脚点

老百姓居家过日子离不开柴米油盐，也免不了缝缝补补、修饰“门面”；社区走街串巷的补鞋匠、磨刀匠等“老匠人”随处摆摊设点，常会因为“地盘”问题发生矛盾，抑或是与城管周旋；街边公园除了是社区居民休闲活动场所，如何让它更具“吸附力”，实现自身“造血”功能？社区党委通过走访，了解到辖区内有许多剃头匠、木匠、采耳匠、补鞋匠、磨刀匠、弹花匠等平均年龄50岁，有着丰富从业经验的老匠人，他们反映自己做生意没有一个适合的落脚点：“生意不好做，收入低，生活咋个办？”而不少社区居民反映，街边的流浪动物集聚地，不仅环境卫生差，出行也没保障；并想要拥有一个“家门口”的街边小公园，可以休闲娱乐；还期待能在“家门口”解决补鞋、磨刀等便民需求。一边是社区“老匠人”做生意没有落脚点，一边是社区居民反映想要有休闲空间。2019年奎星楼社区借助社区微更新契机，带领居民们共同参与除草、捐花、种树等活动，将过去流浪动物集聚地改造一新，摇身一变成了街边的口袋公园，社区居民在“家门口”拥有高品质生活休闲场所的愿景得以实现。借助前期挖掘的补鞋匠、磨刀匠等“老匠人”资源，在充分征求居民的意见下，在公园里设立微更新点位，让“老匠人”有了长期落脚点（图5-33）。现在，每周一至周五，这个“十八匠”微更新点位于的街边口袋公园里都会有各具特色的匠人师傅前来为居民服务，而社区也会不定期地在这个点位上开展公益活动。

图5-33　改造后的街边公园及东顺街服务场景

（2）微更新2.0: 便民服务走近百姓身边

眼下，随着“十八匠”微更新发展越来越好，有效解决了群众“最后一公里”的便民服务等问题，不少社区居民表示，这样的做法值得点赞：“老匠人们的身影是这座城市记忆点和捕捉点，同时也为咱们老百姓提供了更多便民服务点。”如今，只要一来到奎星楼社区的东顺巷口的“十八匠”微更新点位，就能看到“老匠人”们忙得团团转，前来办事的居民也个个喜笑颜开。这样的场景，只是奎星楼社区居民共同参与下推行社区微更新的一个小小的缩影。围绕“构建共建共治共享的社会治理格局”，近年来，社区一方面通过前期走访调查，收集辖区“老匠人”的资料，期待他们加入社区的发展治理中，为居民提供服务；另一方面也通过收集居民意见，打造街边口袋公园、街巷口的微更新点位，为这些“老匠人”提供展示技艺的平台，在留住更多时代印记同时，为周边社区居民带去更多便民服务，使百姓的获得感不断提升。奎星楼社区还依托“十八匠”微更新点位招募其他新兴匠人，形成了匠人支持网络，通过线上线下平台，创新推出上门便民服务及多种特色的文化体验活动。前不久，已经 50 多岁的磨刀匠兰志阳还接到了餐饮店的邀请，提供上门磨刀服务，一单下来净赚了一百元。“老匠人”们的收入不断提高，幸福感也节节攀升，参与“十八匠”微更新项目的行动也更有力。特别是位于东顺巷的“老匠人”们自发形成了由补鞋匠、磨刀匠组成的 5 人志愿者服务队，每天义务打扫微更新点位的卫生。

（3）微更新 3.0：“十八匠”微更新点位实现“造血”

如今，以“十八匠”微更新点为“原点”，奎星楼社区还将“十八匠 · 修匠心”的社区品牌便民服务送进了小区、院落，走进了居民身边（图 5-34）。一方面，借助这群“老匠人”为居民提供服务收取的 1 元钱，注入社区公益基金池，不仅让街边口袋公园实现“造血”，也为社区发展提供资金来源。截至目前，奎星楼社区“十八匠”微更新点位，已先后开展公益服务 49 次，服务居民近 8000 人次，公益收益近 2000 元，将用于社区微更新点位绿化、便民座椅等基础设施维护。

2023 年春节前夕，通过线上线下开展匠人老物件征集活动，业主刘绍成从农村老家带回理发匠老式刮胡刀、剃头刀、木匠工具、铁匠工具等如今很难找到的老物件，勾起了不少 50、60 年代人的记忆，辖区儿童也对老物件有了新认识。每一个老物件承载着不同的故事，当这些物件汇聚在一起便是对匠人匠心最好的诠释。

理发

采耳

修鞋

修表

图 5-34　“十八匠”进社区

5.3.3　“填埋场”到“城市菜园”的蜕变记

“溪鹭耕夫 · 可食地景”项目位于蒲江县鹤山街道齐心社区白鹭洲小区内，齐心社区应用《成都市中心城区小游园、微绿地建设导则》，与居民共同商议打造的集农耕文化、田园实景、人文风貌于一体的社区微更新项目。

（1）共盼引出需求

白鹭洲小区地处城郊接合部，属拆迁安置小区，汇集了来自 5 个村的村民，有 412 户、1452 人。小区外围有块 13 亩左右的国资闲置空地，因邻近成雅高速公路不能进行建筑修建，一度成为小区居民生活垃圾填埋场。长期的闲置荒废，致使该处杂草丛生，有少数居民自发在空地边缘种植葱、蒜苗、茄子等蔬菜。环境脏乱和无序种植大大影响了小区的居住品质，随着时间的推移，不断有小区居民向社区建议，希望将这块空地有效利用起来。2019 年初，社区将白鹭洲小区闲置土地改善利用列入年度重点工作，“怎么利用这块地”成为社区最需要解决的问题。为此，社区结合 2019 年保障资金使用，组织“两委”干部和网格员包片进行入户走访，开展民意调查。调查结果显示，开发停车位和菜地在居民中的呼声最高，大部分居民虽住进了高楼，但仍有浓郁的农耕情节，土地利用的方向逐渐清晰。

（2）共商带来思路

“车位该怎么建？地该咋个种？”这是社区面临的第二个急需解决的问题。通过各种学习和与街道、县级相关部门的沟通，社区大胆构想，初步提出“可食地景”这一概念，既能满足群众种植需求，又能传承农耕文明，打造具有田园实景、人文风貌的社区菜园。俗话说“三个臭皮匠顶个诸葛亮”，社区积极邀请 3 位社区规划师志愿者参与，组织召开了 5 次居民楼栋会，共同研究协商空地改造，从概念解释、提出思路到地块划分、步道、凉亭、沟渠的建设，反复与大家讨论沟通，将居民零碎的意见组合起来转化成文字，最终形成了“溪鹭耕夫 · 可食地景”项目，并细化形成基础设施建设、地块划分、微基金筹建、管理运维等方案（图 5-35）。讨论的过程也是凝聚共识的过程，原本自发无序种

图 5-35　改造设计图手稿

植的 10 户群众，也积极配合社区腾退土地，参与项目。正如一位学者所说，“从一点一点地改造开始，去建构一个社区或者社群的主体性和社会力”，这更加激发了齐心社区的信心。

（3）共建增添活力

仅靠保障资金来打造该项目还是不够，于是社区拓宽思路，引入本地社会组织民生社会服务中心，以 1 万元保障资金为杠杆，包装项目向成都市慈善总会申报社会组织专项发展基金，争取到了 15 万元的资金支持用于项目社区营造。2019 年 3 月，正是春耕播种的季节，经过紧锣密鼓的筹备，闲置空地建成了共享停车位 92 个，其余空地按每个约 $30m^2$ 的大小划分为 128 块，并配修建了步道、沟渠和两个凉亭。项目进入认领招募环节，社区以抓阄方式公开公平地完成了全部地块协议签订，共有 118 名幸运者正式成为“地主”，6 个单位党支部参与地块认领（图 5-36）。项目在推进之初，就以开放的方式进行设定，参与者也并不局限于本小区居民。此外，从项目的可持续和社区造血功能考虑，以 118 户认领家庭每年交纳 50 元租金、共建党支部每年交纳 1000 元租金的方式，成立了社区微基金。2019 年通过土地租金、义卖义集等途径共募集 22341.8 元，致力于解决社区公共问题。

居民抓阄认领地块

党支部参与式共建

图 5-36　多元主体共建

（4）共享促进蜕变

原来杂草丛生的闲置土地在经过空间改造后，一个个地块在要求的时间内陆续种上了应季蔬菜，焕发出生机勃勃景象。此时项目并没有结束，引入的社会组织陆续开展各类社区营造活动 19 场（图 5-37），有以居民为主的有机种植培训，有以儿童为主的自然教育、农耕游戏，也有在蔬菜丰收之际开展的蔬菜义集活动，居民将收入注入社区微基金（图 5-38）。活动中发掘骨干居民 36 人，培育孵化溪鹭志愿服务队、溪鹭开心文艺队、公益服务中心志愿队等 6 支居民自组织，逐渐成为社区开展各类活动的中坚力量。与此同时，参与共建的单位也通过多种形式的支部活动与社区进行互动，花田农场党支部提供了有机种植培训，农业农村局党支部开展有机蔬菜示范种植，人保财险蒲江支公司党支部组织公司法律顾问向社区居民免费提供法律培训和法律咨询服务，并为社区高龄老人和残疾人送去新鲜蔬菜和爱心粮油，“溪鹭耕夫 · 可食地景”成为社区共驻共建平台。因为一个社区

图 5-37　社区营造活动

图 5-38　社区义卖活动

微更新项目的实施，实现了社区、居民、社会组织、共建单位等多元主体有效参与，从环境的改变到人与人之间的友善连接和分享，“溪鹭耕夫 · 可食地景”是共建共治共享的产物，在这个过程中发生了许多温暖人心的故事和瞬间，也给白鹭洲小区带来了无限的活力。

5.3.4　五彩调色板绘就水美乡村

黄水镇白塔社区帅家院子曾被黄水镇评为“最差院落”。宝贵的林盘资源变成垃圾堆场，居民“摘帽”愿望十分强烈。社区党委积极响应群众呼声，以“摘帽子”为契机，以微更新为切口，以“五彩调色板”工作模式为抓手，通过发起一份倡议、开好两场坝坝会、做好“三化”重点工作、建立四项机制、建好五支队伍、形成长效管理、常态化治理六种乱象的“123456”工作法，实现“最差院落”到“最美院落”的华丽蝶变（图 5-39），做好水美乡村的“大文章”。

图 5-39　更新后的“最美院落”

（1）共筑党旗红，“最差院落摘帽子”

社区党委将帅家院子环境净化作为突破口，立足院内建好党员微阵地，直接将党旗插在院落；面向全体党员群众发出倡议，在持续四天的环境净化过程中，发动党员群众 50 余人次，清扫道路和边沟 6 条、修补破损路面 5 处、散居院落污水治理 40 户，让帅家院子彻底摘掉了“垃圾堆场”的“帽子”。

（2）共挖文化紫，规划设计唤乡愁

社区党委坚持需求导向，组织召开了两场坝坝会，广泛征求居民意见建议，并依托社区规划师、社区园艺达人等深度挖掘历史及文化底蕴，从专业的角度进行顶层设计（图 5-40）。同时，邀请全体居民对设计方案进行充分讨论，确定了空间序化点位和方式，勾画出了帅家院子的崭新面貌。

图 5-40　多元参与微更新设计

（3）共守生态绿，串珠成链植风景

社区党委按照“可参与、可进入、可互动”的思路，打造雕塑小品、竹篾片文化墙群等微景观 5 处，实现融合文化宣传、运动休闲、生态观光等多种功能，兼具生态、美学、实用、经济等多种价值的特色农耕文化小院（图 5-41）。同时，以亲水湖为圆心建设了步游动线廊道 3km，植入绿化景观树 1300 余株，让整个区域内山、水、林、院串珠成链，成功入选成都市十佳“最美社区游线”。项目实施过程中，居民捐赠老物件 8 件，企业捐赠各类景观树 600 余株。

图 5-41　帅家院子改造后景观

（4）共融自治蓝，多元参与求长效

为避免有机更新之后出现“冷热病”，社区建立了四项机制、组建了五支队伍、制定了六条公约，居民推选老支书游长生出任第一届院长，组织居民骨干、保洁公司、社会组织、网格员等每日巡查、清洁，同时由老支书兼任社区文宣队队长，定期开展宣讲活动，共建共治成效进一步显现。

（5）共享社治彩，精雕细琢出样板

社区党委积极探索“合伙人”模式，共同打造坂坡良舍精品酒店和坂坡雅舍市级社区美空间，与焕然一新的帅家院子融为一体，成为名副其实的“网红”打卡地。2021 年帅家院子被评为“市级十大川西林盘年度消费新场景”，先后被人民网、新华网等主流媒体报道。

5.4　社区闲置空间改造

5.4.1　桥下灰色地带变全龄友好运动空间

围绕“建设美丽城市、创造美好生活”理念，按照《成都市城市剩余空间更新规划设计导则》，以府青路立交桥“金角银边”为切入，创新建设人民群众身边的和美“休闲运动空间”。

（1）聚焦群众“烦心事”，聚力活化“灰色”地带

府青路三段起于二环路刃具立交，止于中环路青龙立交，是成绵高速城内连接段，主车道全段采用全高架连接。多年来高架横置该段道路中央，桥下空间不仅没有被利用，反而成了“灰色”地带。车辆乱停乱放、交通混乱、杂物乱堆、卫生死角等问题突出，不仅长期制约着道路周边区域的发展，也影响了市容市貌，周边市民意见较大。成华区坚持需求导向和问题导向，通过深度访谈、问卷调查等方式，征求周边 3000 多名老人、青年、

图 5-42　府青路立交桥下空间改造前后

儿童等各类居民群体的意见建议，经过社区规划设计师等专业团队 10 余次实地勘查、论证，对桥下“灰色地带”实施活化，将其打造为“运动空间”（图 5-42）。

（2）聚焦服务“全龄段”，创新打造“金角银边”

针对老中青幼不同群体的不同需求，坚持设计师为专业指导，居民“唱主角”，6 次组织工作坊，对“运动空间”的方案、功能、色调等进行参与式、互动式设计。成华府青运动空间在设计及施工理念上以公园形式的绿化为出发点，兼顾公园景观和生活情趣，以满足“全龄段”人群需求为脉络，以“时尚运动”为主题，以“开放式”为布局，构建“时空走廊、彩虹乐园、摩登花街、彩虹乐园、光影舞动、萌童乐园、电音滑板、时尚球场及社区活力”等九大主题片区（图 5-43），共设置篮球场 5 处、足球场 2 处、滑板区 1 处、极限自行车滑板区 1 处、街舞轮滑区 1 处、乒乓球场 3 处、羽毛球场 2 处、儿童游乐区 2 处，全长约 1000m，平均宽度 18m，总面积约 1.8 万 m^2。

（3）聚焦提升“获得感”，精心营造“品质空间”

在外侧，增设安全栏杆、标志标牌，在两侧道路新增红绿灯、限行标志，充分保障片区交通安全。在内侧，利用运动长廊和滑板部落将九大主题片区进行有机连接，设计各区域主题光影秀，植入网红智能互动设施等，为老中青幼提供人性化、便捷化、智能化的运动、休闲、娱乐体验空间。开放半年以来，已吸引了 3 万余人次前来运动、健身、休闲，居民的获得感幸福感明显增强。

图 5-43　府青路立交桥下丰富的运动场景

居民感受

居民甲："以前我们辖区没有一个可以锻炼休闲的公共空间，每次带孙子去玩，都要乘车 30 分钟左右到辖区外，很不方便。府青运动空间的修建，大大减少了我们出行的时间，随时随地都可以出去遛弯，这里环境很好，安全性也很高。"

居民乙："我们这边都是老旧小区，院内空间也小，没有可以运动的地方，我很喜欢打篮球，但是过去都要去辖区外，耽误时间；现在府青运动空间有一个专门打篮球的空间，让我任何时间点，都可以走路去锻炼，还认识了很多志同道合的球友，感觉到了作为这个地方居民的归属感和幸福感。"

5.4.2 玺龙湾“居民之家”诞生记

玺龙湾小区位于温江区公平街道长安路社区，是新建的商品房住宅，占地面积 120 亩，共建楼宇 21 栋，设计套数 2493 户。现入住 1700 户，人口近 5000 人，小区居民以单位退休干部职工居多，老人、儿童群体占比 60% 以上，少数民族居民占比 20% 以上。小区交付使用后，随着入住居民的不断增加，问题也日益凸显：规划的活动空间未得到充分利用，寓教于乐的场地匮乏，缺少开展邻里沟通交流、化解矛盾纠纷的场所，缺少开展组织活动的阵地，缺乏休闲娱乐儿童区域……总之，现有的设施设备难以满足居民多元化的生活需求。为确保小区建设能够真正符合居民需求，社区党委带领社区规划师、支部党员、临管会成员和热心居民一起开展了“敲门行动”，分析发现问题，深入了解需求，听民意聚民力汇众智，最终确定了以便民、惠民、利民、亲民为服务理念，将小区架空层打造成小区党群共商共建共治共享的新阵地：“玺龙湾居民之家”。

（1）共建——多方协力

社区党委通过社区保障资金进行项目设计，物业、开发商共同出资，并多次召开论证会、“诸葛亮会”、居民代表会等，讨论项目的可行性和可操作性，多方协力打造邻里活动空间。“居民之家”配备有文化设施、健身器材、党员阵地、会议中心、儿童场地等配套设施元素，打造了书法风采空间、活动风采空间、公益集市、共享厨房、活动中心、健身活动区、蜂巢童乐园等 7 个共享空间（图 5-44），可供小区党员、业主、物业等进行交流联系、文体活动、志愿服务、组织生活等活动。在共享空间打造工程中，积极借居民之力，丰富空间内容，书法风采空间展出的二十余件书画作品，皆由小区书画爱好者创作并捐赠；公益集市售卖的物品皆由小区居民捐献；图书角提供的各类书籍，三分之一是由小区居民朋友捐赠而来。“玺龙湾居民之家”是社区党委与小区居民、开发商、物业公司等众智众创、共建共享的多元化活动平台。

图 5-44　改造后的“居民之家”共享空间

（2）共享——解民之需

各个年龄段的群体在“居民之家”里都能找到一个适合自己的去处。书法风采空间定期举办交流会让爱好者充分交流和艺术创作；共享厨房每半月举办一次厨艺分享会，每半年举办一次小区家宴，居民可以一起学做菜，分享拿手菜；活动中心有了棋牌角、儿童角、图书角、党员之家、综合会议厅等，小区党支部有了活动阵地，老年人可以下下棋、年轻人可以看看书，小朋友可以自由玩乐，大家可以共商小区事；健身活动区，满足了居民的健身需求；蜂巢童乐园为亲子游乐创造了独一无二的空间，家长带着孩子可以在这里享受亲子时光。

“居民之家”是小区居民开展活动、进行交流的多元化活动平台。小区党支部、小区物业公司、小区临管会组织小区党员、业主利用这个平台，开展了公益捐赠、植树宣传、书法绘画、传统文化、儿童衍纸画、垃圾分类宣传等十余场形式多样、丰富多彩的党群活动，并面对全小区居民常态化开放居民之家，合理的功能分区让小区居民可以在其中自主活动，充分利用居民之家的图书角、音乐角、棋牌角丰富居民生活（图 5-45）。通过这些寓教于乐的活动，增进了交流，起到了春风化雨、润物无声的作用，让小区物业、业主、党支部之间的关系日益融洽，小区邻里之间亲如一家，多了温馨的问候和笑脸，也更有温度，打破了高楼之间的“钢混”壁垒，实现了由原来的“生人社会”向“熟人社会”的转变。

图 5-45 “居民之家”集体活动

（3）共治——全民参与

从热心业主中遴选志愿者，轮流对小区邻里活动空间进行管理，维持活动室的秩序。居民自己动手进行书画创作，用于装饰邻里活动中心。大家用捐献出来的闲置物品开展公益售卖，售卖所得用于“居民之家”的日常运营和活动开展。在“居民之家”，业主的诉求有人听、投诉意见有人管、整改落实见成效，小区党支部和临管会密切协同，主动作为，协调解决居民遇到的实际问题，起到了“润滑剂”的作用。“居民之家”开放以来，从周一到周末，都安排有公益捐赠、书法绘画、棋牌娱乐、剪纸工艺、插花艺术等活动，以此倡导和激发居民的参与热情，做到日常、周末有活动，重大节日有比赛（图 5-46）。

图 5-46 在“居民之家”举办的邻里活动

5.4.3 “盘海柚里 · 乡村画境”

该项目位于金堂县官仓街道红旗村 13 组，按照“多元参与、共建共治共享”的社区发展治理理念，以打造“景区化、景观化，可进入、可参与”的诗意院落为目标，坚持“党员带头、社工指导、村民参与”的原则，聚焦废弃荒地、闲置林盘、居民院落等小微场所，从传统文化挖掘、闲置资源利用、功能品质提升三大板块入手，广泛动员村民“出资、出物、出力”参与微更新，成功打造“盘海柚里”乡村振兴示范院落。

一是聚焦多元主体参与，通过以奖代补充分调动群众积极性，利用废旧物品和材料，由社会组织、乡村规划师、乡村匠人等专业团队为群众提供指导和帮助，结合川西民居风格提供创意方案，进行美化打造；二是聚焦空间品质优化提升，充分利用闲置资源和存量空间，见缝插绿、拆墙见绿，结合农耕文化、本地传说、柚子主题等元素打造，涌现出“兰贝雅苑”“悦客农家”等一批创意景观庭院作品；三是聚焦长效管理机制探索，完善“盘海柚里”院落公约，建立院落管理委员会，形成“341 院落环境治理”工作法，划分 5 个党员志愿者包片网格，对院落环境、移风易俗、尊老爱幼等方面引导与监督，实现院落人文环境可持续维护管理。

院落打造历程成功登上 CCTV-17《乡村大舞台》栏目，微博热搜点击量达 2.2 亿人次，土坛花境、蔷薇拱门、柚子主题彩绘墙、花椒艺术墙等 10 余处微景观（图 5-47），在盘海柚里描绘出了一幅幅美丽的乡村画境，进一步增强了群众的获得感、幸福感。通过实施微更新项目，实现院落鸡圈变花园、林盘变绿道、公共荒地变广场，群众的生活环境变好了，生活品质提高了，在家门口就能看得见变化、摸得着幸福。

5.4.4 浸润蓓蕾文化、构建共享空间

高新区芳草街街道蓓蕾社区位于一环路与二环路之间，区域面积 0.71km^2，有老旧院落 78 个，常住人口 2.4 万人。辖区建筑多建于 20 世纪 90 年代，以老旧院落为主。辖区内老年人比重高，邻里熟识，有较强的归属感和认同感。随着全域可持续总体营造如火如

图 5-47 “盘海相里 · 乡村画境”的微景观

茶地展开，过去被居民评为“古色古香”的蓓蕾社区党群服务中心渐渐难以满足大家的需求，急需社区提升功能从而解决各种问题。同时，距原社区办公区不远的“玉林四合院”茶楼存在人员密集、噪声扰民、环境脏乱等问题，是辖区居民的痛点，也是城市品质提升中的“老大难”。为贯彻落实“党建统领、体制破题、发展治理、做活社区”的总体思路，芳草街街道瞄准老城区治理中的“痛点”和“堵点”，因地制宜，寻求破解“良方”。社区以辖区居民需求为切入点，对原“玉林四合院”茶楼进行空间美化、功能再造、业态更新。与此同时，社区在原社区党群服务中心办公点招商 10 余家文创企业，形成火烧堰文创街区，让居民和创业者在舒适、轻松、亲切的环境里联动发展。改造后的党群服务中心极具老成都味道（图 5-48），多样的活动空间、丰富的文化活动，推动了社区凝心聚力，传承了城市记忆，提升了社区居民的幸福感和获得感。

图 5-48　党群服务中心改造前后

（1）以顶层设计为骨

为高度统筹蓓蕾社区微更新项目，芳草街街道积极贯彻成都市城乡社区发展治理委员会党建统领的思路，充分发挥社区党组织凝心聚力和示范引领的作用。

①充分发挥院落党员先锋模范作用。在微更新项目拆除违建、环境治理、绿化美化等一系列改造过程中，党员充当信息员和调解员，任劳任怨、不厌其烦地向居民群众解释与答疑；配合社区、施工方协调解决施工过程中的各种矛盾，使改造方案不断优化。

②确立党建引领“三融合一”原则，即与周边环境有机融合，与人文历史、城市文脉有机融合，与传承点、市井气、艺术味有机融合。实现了居民互动，增进了邻里和谐，促进了居民自治。

③不断提升服务管理水平。通过引导在职党员服务邻里，为困难人群上门服务，解决群众实际困难 130 余项；设立“院委会接待日”，与居民面对面沟通院落治理问题 20 余个，让社区居民对涉及改造的重大决策畅所欲言，齐心协力解决改造中的问题。

（2）以居民参与为魂

“广场旁边的玉林四合院你们能收回吗？”蓓蕾社区微更新在居民的诉求表达中拉开了序幕。芳草街街道在社区治理的过程中，始终高度重视社区居民力量的参与，将民意表达贯穿微更新全过程。

①微更新项目的确定以民意诉求为重要参考依据。街道于 20 年前将距离原蓓蕾社区办公区不远处的“玉林四合院”租给了一家茶楼。近年来，居民们希望改变“玉林四合院”现状，“老成都蓓蕾记忆”微更新项目正是在这样的居民愿景中启动。

②项目方案的设计、制定重视社区居民的意见表达。项目设计之初，社区通过听证会、坝坝会、入户调查等多种方式，广泛收纳居民建议、意见 460 余条。设计方案制定后，社区专门邀请居民就改造方案提出自己的想法，共同探讨、修改完善改造方案。“老成都蓓蕾记忆”项目保留了四合院老榕树、融入了儿时记忆元素、引入了书店，这些方案的实施都源自对社区居民建议的吸纳。

③项目竣工后，社区专门邀请居民就成果维护、后期运营建言献策。这种工作机制极大地激发了居民强烈的参与意识使居民主动参与到项目后期活动中。

（3）以联动运营为气

蓓蕾社区在微更新的过程中，积极引入规划师、市场、志愿者等多元力量参与。

①在项目规划中积极引入社区规划师、社区营造师、社会工作者等专业力量，发挥其专业引导作用。对项目设计、组织等工作加以指导，提升微更新项目精细化治理水平。

②在后期运营中大胆引入市场力量。“老成都蓓蕾记忆”项目在改造的过程中形成了“社区出场地、企业来运营”的管理模式。蓓蕾社区党群服务中心一楼三分之二的空间与院子 320m^2 交由散花书院运营，原蓓蕾社区办公地点提供给法式刺绣、古装店、录影棚、手工陶瓷店等 16 家具有文化特色的商铺进行运营，形成了火烧堰文创街区（图 5-49）。

③建立志愿者进驻的长效机制。蓓蕾社区建立了“We 爱 + 慈善互助超市”。它由蓓蕾社区全员共同参与，以推动社区发展治理为出发点，建立的“我为人人、人人为我”的共享平台。辖区单位、居民为慈善互助超市捐款捐物，社区志愿者可用志愿服务积分兑换物资。通过志愿者与捐赠方的持续互动，帮助辖区单位、个人实现自我价值，不断挖掘和培养有社会责任感的企业和公民。

图 5-49 火烧堰文创街区实景

（4）以文化浸润为情

蓓蕾社区地处最具“老成都”历史韵味的区域，在微更新项目中街道始终按照“老成都、蜀都味、国际范”的定位要求进行改造。

①在对老建筑进行改造时注重老成都文化元素的复原。“老成都蓓蕾记忆”微更新项目中，社区办公区改造投入 127 万元，整体设计构想便是以老成都记忆、蓓蕾记忆为主题，融入似曾相识的景、物及情怀。亲民化改造后的社区办公区重现了老成都儿歌、成都剪纸艺术、原创成都诗词、蓓蕾老街景、老水井、老虎灶等极具老成都文化韵味的元素。

②微更新后的项目运营注重老成都文化元素的弘扬。为打造出符合自身特色的文化体验空间，营造成都人的精神家园，蓓蕾社区探寻历史积淀，引入了散花书院（图 5-50）。

图 5-50　散花书院文化活动

散花书院兼具读书、文创、学堂、饮品与轻食的功能，在满足社区居民休闲的同时，营造了温馨舒适的环境，让社区办公场所成为居民愿来、爱来、常来之地。

③注重文创业态的培养。“老成都蓓蕾记忆”微更新项目对原办公地点进行集成改造，专门针对文创业态进行招商，引入了法式刺绣、古装店、录影棚、手工陶瓷店等商铺，形成了火烧堰文创街区。改造后的蓓蕾社区，在满足社区居民休闲的同时，更能让居民在这里更深入地感受和触摸老成都的文化思想，去传播成都文化、天府文化，使散花书院成为蓓蕾社区的中心、文化的聚合地。

（5）以居民满意为愿

通过微更新、人性化细节改造，力求满足居民对理想居住环境和服务的要求，取得了很好的成效。

①微更新项目获得了居民的一致好评。改造后的蓓蕾党群服务中心不仅极具老成都味道，还营造了多种公共空间，如书店、青少年活动中心、书画室，满足了居民日常活动所需；特别是散花书院每周定期无偿面向居民开展的多场文化活动，为天府文化、蓓蕾文化在老百姓心中沉淀发挥了很好的作用。截至目前，已经开展了电影日、脱口秀、树下艺谈、家庭教育、亲子阅读互动等活动 65 场，受到了社区居民的一致好评。

②集成连片的态势初步呈现。通过微更新“存量修补”，辖区内各场景逐渐呈现集成连片、相辅相成的态势，进一步优化了公共服务供给，推动了产业发展需求与社区服务供给零距离对接，提升了社区治理水平。

③形成了党建统领、多元参与、文化浸润为一体的城市治理共同体新体系。治理的本质是实现秩序与发展的统一，街道通过各个层面的有机化发展与有机化治理，建立了活力与秩序良性相依的新格局。城市因人而生动，因治理而续航，因精细而美好。面向未来，芳草街街道在社区发展治理中将继续站在回应市民美好生活需要和城市永续发展的战略高度，让微更新成为居民参与公园城市建设融入社区发展治理的新表达，继续积极构筑社会治理“共同体”，让城市治理各环节、各层次、各领域串点成线，为开创共建共治共享新局面积极努力，将城市打造成人民的幸福家园。

5.4.5 闲置资源巧利用，枞树荒滩变营地

多方共谋共建共管，盘活闲置土地资源，把惠及全村百姓的微更新项目在荒滩荒地上发展起来。蒲江县朝阳湖镇仙阁村建立“合作社 + 能人 + 村集体”的发展模式，形成“226”收益分配机制，培育了村民主人翁意识，在发展治理一体推进的道路上越走越宽。

（1）发现商机，瞄准荒滩

在 2018 年 6 月的村乡贤座谈会上，仙阁村枞树滩周围几家农家乐经营者跟村书记杨建聊起一个商机：很多到朝阳湖旅游的游客都会在枞树滩耍水小憩，有些村民在水边卖起了水枪、矿泉水，收入颇丰。枞树滩一直是一块“问题地”，因低洼靠河，易被水淹，这块 7 亩多的土地，已经荒废近 30 年，因此这块地也成为仙阁村 13 组每人占有 5 厘[①]5 的集体土地。听到这个信息，杨书记号召农家乐经营者对枞树滩停留游客量进行统计，经一个月的观察，估算出日均 130 人的游客量。在 8 月的乡贤座谈会，一个瞄准荒滩的旅游项目被杨书记抛出，一支由村支两委和乡贤组成的荒滩项目组立即成立，13 组的创业能人阳贤和杨军积极参与。

（2）以事聚人，多方共谋

“资金怎么来，土地怎么解决？”成为项目组急需解决的问题。13 组的第一次项目坝坝会围绕资金和土地激烈展开，26 户居民，26 份土地，26 种不同的声音。一听是旅游项目，尝到甜头的村民都迫不及待、跃跃欲试，甚至有几户还想单干。为实现“村民变股民、资金变股金、资源变资产”的愿景，村两委发挥引领作用，积极对上争取项目资金，并挖掘 13 组能人制定项目投资方案，采用“村集体 + 合作社 + 能人”模式运营项目。最终阳贤、杨军等人在仙阁村党组织领导下组织 26 户村民通过土地、资金入股，注册成立成都枞树滩乡村旅游合作社，流转土地 10 余亩，筹集资金 60 余万元。

聚人成事，共建共管。资金和土地有了，“项目怎么建？建好怎么管？”便成为横在

① 1 厘约为 $6.67m^2$

项目组面前的又一个难题。仙阁村村支两委引入社区规划师、专业第三方设计公司、股民和乡贤代表集思广益，前后组织召开了 4 次项目商讨会，每次会议的讨论都是一个凝聚共识的过程，也是增强村民主人翁意识的过程，经过大家反复讨论最终形成了建设集品茗、露营、自助烧烤等于一体的枞树滩露营基地方案（图 5-51）。开工后，因项目资金量少，

枞树滩鸟瞰图

图 5-51　村民讨论枞树滩规划设计

图 5-52 群众参与美化绿化

人工成本高，13 组的村民自发加入栽花种草、桌椅、围栏、烧烤棚等的建设中来，并提出了建设防冲毁石桌的建议。历经几个月的努力，在 2020 年 5 月枞树滩露营基地对外营业，由能人和困难村民组成的运营团队正式上岗；8 月，枞树滩露营基地接待日客流量最高达到 1000 余人。面对激增的客流量，13 组村民自发成立志愿服务队，轮流参与旅客接待、卫生清理、花草养护等工作（图 5-52）。

（3）多方共赢，未来可期

经过了 5 个月的运营，枞树滩露营基地（图 5-53）创收 20 余万元，并解决 8 名村民就业，其中贫困家庭 3 户、残疾家庭 1 户共 4 人。“收益怎么分？”又是一个难题。一方面要考虑管理人员、股东的利益和项目的持续发展；另一方面该项目对上争取了财政资金，这部分投入产生的效益怎么算？村支两委组织村民代表和股民召开联合会议，商量收益分配方案达成了被一致认可的“226”收益分配机制，即每年将总收益的 20% 上交村集体用于公共服务和公益活动、20% 用于管理人员的酬劳、60% 用于入股利润分配和持续发展。枞树滩露营基地的故事才刚刚开始，2021 年基地还规划了漂流、游船等项目，计划建立农产品体验消费馆就地销售农产品，并将发挥项目的辐射带动作用，联合本地社会组织开展国学、农耕体验等游学项目，实现农商文体旅融合发展，枞树滩露营基地未来可期。

图 5-53　改造后的枞树滩露营基地

5.4.6　R29 社区生活空间：一刻钟便民生活圈的社区场景创新实践

R29 社区生活空间位于锦江区锦江大道 388 号兴城人居 R29 商业综合体内，该商业综合体总建筑面积约 31 万 m^2，于 2017 年开始运营。按照“政府主导规划、居民需求牵引、企业资源联营”的思路，精准回应人民群众对美好生活的殷切向往，兴城人居充分响应政府政策号召，发挥国企责任担当，通过商业重塑定位、硬件改造提升、业态整合优化、政企联合打造，对商业中心进行整体优化提升，打造的 R29 社区生活空间于 2022 年 6 月 21 日正式启用，建筑面积 1200m^2，注入了 24 小时全时段、全业态、全龄层服务功能（图 5-54）。

图 5-54　R29 社区生活空间实景

（1）补足生活业态，健全一刻钟便民生活圈

项目地处城东片区人口密集核心区，周边以中高端商业住宅小区为主，居住人群主要以中心老城区外溢人口和“蓉漂人才”为主，项目 3km 范围内常住人口 20 万以上，居住人群以 22 ~ 40 岁的青年群体居多。R29 社区生活空间针对“老中青幼”等不同年龄群体需求，打造便民空间、关爱空间、办公空间等九大主体功能单元，创新运用“社区商业 +”理念呈现社区咖啡空间、洗衣房、便民理发室、共享健身空间、共享自习室、社区剧场、社区活动室、社区艺术区、便民政务中心等服务场景，助推商业服务、政务服务、社区服务场景融合，打造时尚美好兼具烟火气息的社区服务空间。同时，树立“24 小时营业”服务理念，支持“夜间健身”“夜间阅读”“夜间洗衣”等新型夜间经济，实现对周边居民的“全龄层、全时段”需求的多元覆盖（图 5-55）。

图 5-55　R29 社区生活空间内部实景

（2）搭建党企融合创新模式，构建社区商业共建自治模式

以党建为引领，兴城人居联合锦江区成龙路街道办事处及周边商家共同组建片区首个国有企业项目功能型综合党委——创意山楼宇综合党委，以 R29 社区生活空间为阵地，搭建区域化党建平台，推进党建工作同社区商业运营管理紧密结合，以“地缘、业缘”为纽带，构建“组织联建、资源联享、服务联办、阵地联用、文化联创”的区域化党建格局，在党建引领下实现对社区生活方式的引领和社区邻里情感的重塑。联合属地社区平均每月举行两场公益、惠民等主题活动，丰富居民社区生活。

兴城人居创造性植入便民政务功能单元，拓展社区便民服务内容，首创将街道便民服务中心嵌入商业中心，提供民政、计生、残联、劳动保障、住房保障、教育等十一大类 57 项服务。切实畅通了居民、企业与政府的“最后一公里”，实现了空间维系居民情感、共建惠民美好的责任与担当（图 5-56）。

图 5-56　社区居民公共活动

（3）以服务业态引领消费创新，激发运营活力

以“公益抵偿”思路为引领，解决社区业态单一、品质不高和难以满足居民个性化需求等问题。联名宜家、安德玛、巴黎欧莱雅、小米等 20 余个服务好、深受居民欢迎的优质品牌进行跨界合作，并开展社区活动 30 余场，丰富社区空间的娱乐活动。不仅为居民提供了更近距离更具性价比的产品消费体验，还产生了一定收益，为社区可持续的运营提供了一个可行的解决方案。以“让艺术进社区”这一理念为运营思路指导，首创“社区盒子美术馆”IP，打造社区美空间，以“在 R29，人人都是生活艺术家”为口号，开展多场艺术主题活动（图 5-57）。

图 5-57 “社区生活家”主题活动

5.5 街道空间提升

5.5.1 转角遇到爱，生活更期待

城市风貌，是城市的“面子”；而背街小巷、老旧空间，则是城市的“里子”。一首《成都》唱红了玉林，一部电影《前任 3》带红了玉林四巷，文化的魅力和家风传承的延续，造就了

图 5-58　“爱转角”更新后实景

成都市又一个网红打卡地。武侯区玉林街道玉北社区的玉林巷子有着典型的成都元素、成都记忆和成都符号，玉林周围的建筑几乎都建成于 20 世纪 80、90 年代，在岁月的磨砺中，玉林小街小巷的基础设施老旧、配套服务迟滞以及环境秩序混乱，成为堵在居民与社区之间的“铁疙瘩”。设计团队依托玉林片区街巷生态本底和老成都文化积淀，围绕“人、文、景”三大主题，发挥辖区资源优势，创新打造玉林四巷“爱转角”邻里生活空间（图 5-58），积极营造人文关怀、文脉记忆、消费场景融合叠加的社区共同体。

（1）以美学为元素，塑造生活新环境

依托电影《前任 3》的实地取景点，通过墙绘元素、装置小景等，文化创意、深度体验和生活美学，新背街小巷采取微更新、微治理路径，融入玉林四巷街区（图 5-59），巷子及院落，在细节处彰显玉林生活美学。为居民提供多元宜人、愉悦舒适的生活空间。结

图 5-59　玉林四巷街区更新设计

合“玉北童话节”“玉北民谣”“玉北美食节”“童心集市”“玉林夜市”“汉服展示秀”“旗袍”等活动开展，将玉林生活美学以可进入、可触摸、可互动的方式呈现在居民和游客眼前，充分提升了玉林街巷文化品牌。

（2）以街区为平台，打造社交新空间

发挥社区党委领导核心作用，充分挖掘街区资源禀赋，通过“公益化 + 市场化 + 长效化”运营模式，鼓励引导居民委员会、成都今日生活文化传播有限公司、美亿城（成都）商业管理有限公司、社区居民等多元主体按照市场规则共同参与街区“微改造”，创新打造社区型文化创意项目。向社区居民征集街区题材，统筹利用社区闲置“老房子”，整合国有载体资源和辖区优质文创资源，对玉林四巷 5 号的老旧房屋进行更新再造，连点成线打造休闲餐饮、书吧、文创等门类齐全、生活味浓厚的街区业态。引导社区居民常态长效参与各类文创活动，形成“资源共享、多方联动、合作共赢”的治理格局，持续助力社区发展治理工作。

（3）以需求为导向，构建社区消费新场景

引入成都盖碗茶、成都故事、成都文创等近 10 个“小而美”“小而精”的沉浸式社区商业新消费场景（图 5-60）和新人文体验场景，营造出“映像新玉林 · 成都老味道”的人文氛围。街区运营以来，先后开展了文创熊猫沙龙、家风课堂等文创、美食、家庭亲子教育活动 20 余场次，服务居民群众 4000 余人次。这里已成为适合各年龄层次的辖区居民和广大游客可参与、可体验、可共享的邻里互动空间，实现了社会认同与城市精神传承相统一，市民生活方式创造与天府文化弘扬相契合。

图 5-60　社区商业新消费场景

（4）以文化为支撑，勾勒玉林美学新符号

在项目植入上，充分考虑居民的需求，秉持政府、社区、市场三者有机结合的思路，使老成都味道与新文化创意完美融合，让居民“走得进，留得下，能消费，愿回头”。围绕玉林“情味、新味、暖味、思味、家味、吃味”六味，全年开展玉林故事、玉林文创、健康玉林、爱阅玉林、亲子玉林、美食玉林六个板块的文化活动 10 余次（图 5-61）。通过文创作品孵化、玉林故事会、主题读书会等方式，厚植成都文化、记录玉林故事、传承

图 5-61　社区文化活动场景

成都记忆，激发更多居民和游客的文化认同和情感共鸣，形成玉林特色文化元素，提升社区文化品位。

王林四巷“爱转角”邻里生活空间的打造实现了小店经济和社区文化相融共生的新型社区消费场景，赋予了成都老街区全新的幸福理解，将成都“慢生活”淋漓尽致地展现给居民和游客，将社区文化的孕育和传承涵养于社区活动和生活之中。进一步增强了社区服务功能，巩固了社区发展治理阵地，使居民有了更强的归属感。建成以后，王林四巷“爱转角”邻里生活空间代表成都市迎接了中办相关领导调研，并被中央电视台、人民网、成都日报等多家媒体相继报道，取得了良好的社会效益。

手记 1

设计团队在“爱转角”周边对居民进行了解，很多居民表示这个街巷变化太神奇了，原本无人问津的小街小巷，现在居然充满了时尚范和艺术味：“又是拍电影，又是参观，我们社区这回好洋气哟！”“我孙儿放学都要去耍一会，他说那里面的功能室像家一样，很多都可以做成艺术品，以后她也要成为艺术家，为玉林添彩增光。” 在对近 10000 名进入“爱转角”的来访者和居民进行了解时，设计团队邀请大家给街区变形打个分，他们都说要打个 90 分才行。玉林北路社区内各院落的居民和自治小组都在问，什么时候他们的闲置空间也可以这样改造下。美丽的玉林就在我身边……

手记 2

淋漓汗水打湿了志愿者陈楠欣的衣裳，2018 年 5 月的一天，从早上九点到夕阳西下，安静的玉林四巷里一名女孩在埋头创作着一幅立体墙绘。一名途经的陌生婆婆看到了她，随即上前主动帮忙打扇，驻足一个多小时，直到墙绘完成。

老人为素不相识的墙绘姑娘打扇，小巷子里的这温馨一幕，又恰巧被过往的市民抓拍。照片和一则短视频在居民间你传我、我传他，大家纷纷点赞，随后又都开始发动朋友圈寻找起这位暖心婆婆的踪影。玉林街道也发了这样一条朋友圈，寻找“最美婆婆”的事情传遍了玉林的深院小巷。

图 5-62 王婆婆在玉林

功夫不负有心人，终于有人认出了照片中的老人，玉林街道的朋友圈中有了回应。“这不就是王婆婆嘛，老志愿者了！”市民口中说的王婆婆，名叫王定璪，今年81岁的她，家住玉林北街七号，是院里的居民小组长（图5-62）。王婆婆在当地小有名气。志愿打扫院落坚持了八年、每月捐出自己大部分的养老工资、带动他人一起搞志愿活动……为此，她曾经还获得成都市的优秀志愿者称号。王婆婆告诉社区工作人员，看到姑娘汗水直流，自己走过不忍心，“现在的年轻人能做这么有意义的事情，应该赞扬，天再热也要给他们打扇。”

走在玉林街头这种感人的故事随时都可能发生，靓丽的街景点燃了居民们心中对生活的热情，三三两两相约走出家门，自发地参与到街区的活动中，品味着玉林的味道，感受着党建引领社区治理带来的丰硕果实。

5.5.2 凤凰于飞，浴火重生

“凤求凰”爱情文化主题微更新项目“北门里 · 爱情巷”（图5-63），位于金牛区驷马桥街道工人村社区，属于锦江绿道体系中五丁桥至合江亭段，东接猛追湾片区，西临文殊坊片区；属于天府锦城特色游览体系的游船观光线。按照《成都市公园城市街道一体化设计导则》，依托区域司马相如卓文君传颂千年的爱情故事，市井文化资源灿烂丰富等优势，借助锦江公园建设、夜间消费营造等机遇，进行了区域化“美空间”爱情主题街区

图 5-63　改造后的“北门里 · 爱情巷”

营造。该项目以爱情文化为主题，以夜间经济为主业，以红砖建筑为主调，借助锦江公园建设、夜间消费营造等机遇，坚持“片区谋划、分步实施、传承记忆、植入产业、凸显特色”的总体思路，微更新打造全长 670m 的“星辉中滨河路沿岸”涉及“缘心”广场、“凤求凰”剧场、“红线”民宿、“聚友”酒居、“竹坞”茶香等五大景点，着力营造“市井味、时尚范”的爱情文化打卡新地标。在成都市建设美丽宜居公园城市理念的指导下、建强“中优”区域核心功能的背景下，该项目深入挖掘所在区域历史文化，密切结合群众生活消费需求，以凤求凰剧场、主题民宿为重点，着力营造集游船观光、夜市休闲、剧场演艺、民宿体验、美食娱乐、文创旅游于一体的综合性夜消费生活场景，为打造夜间经济辐射圈注入活力，让市民有获得感、幸福感。

（1）故事缘起

工人村社区地处北门一环路内中星辉中滨河路沿岸，院落修建早是典型的“三多一旧”老城区，其配套设施差，原有商业业态是沿河占道茶铺，加之有的区域租赁从事洗车、修车等业态，出现噪声扰民和污水、烟尘、废气排放等诸多问题，居民不胜其扰。此外有的区域是废弃厂房，由于长期缺乏有效开发和管理，出现墙体脱落、破败不堪的情况，存在安全隐患；加之沿河偏僻，疏于管理，环境“脏乱差”，不仅影响市容市貌，也影响了周边居民的生活便利。

（2）凤凰于飞

根据群众需求进行分析，并通过摸底调查了解，社区坚持党建引领，通过社区“六民”工作法深入院落“访民情”；针对工作的难点、居民的吵点、老旧的痛点“话民事”；以各院落为基点，发动志愿者搭建社区弱势群体支持网络，让社区弱势群体感受到党和社会的温暖，营造有温度的社区“解民忧”；以社区党委为核心，广泛发挥院落党员、骨干作用，组建工人先锋党员志愿服务队，充分调动党员志愿者、网格员、社区工作者、社会组织和辖区单位的作用“集民力”。利用辖区行业优势建立社区规划师队伍，征集意见，聘请项目专业设计团队参与设计（图 5-64），协调多方优化项目方案，形成多方联动群策群力“借

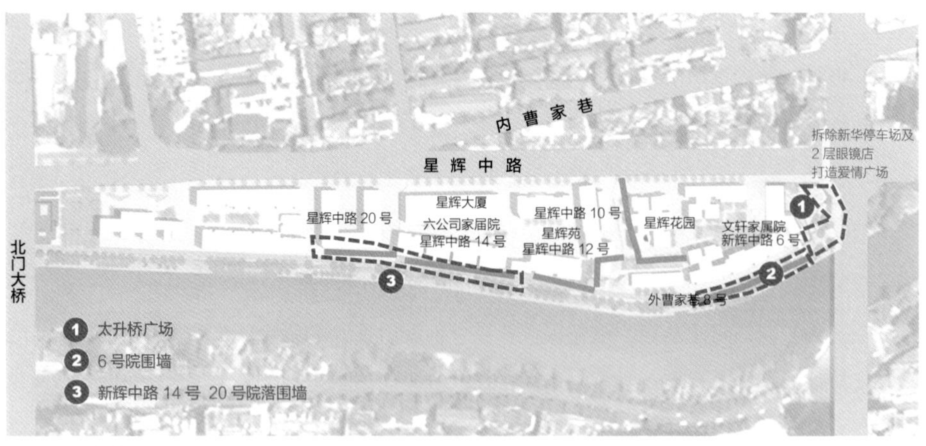

图 5-64 规划设计图

民智”，召开坝坝会 20 余场次，现场听取意见、解惑答疑，化解矛盾，且引进智慧院落管理项目实施，打消居民对拆墙投绿后的多种顾虑“便民利”，居民对项目从反对抵触到理解支持再到主动参与，最后火力全开助力重点项目推进。

（3）浴火重生

曾经沿河的老旧房子通过整治改造、拆墙透绿，实施美丽阳台，立体绿化，增绿筑景做优生态，成为一道美丽的风景线（图 5-65）。整条街区以爱情为主题氛围，串联起了“520”“1314”“爱情同心锁”“转角遇到爱”“我心有你”等以爱情元素小品、背景墙和爱情表白为主线的主题画，成为新晋知名爱情打卡地，并入选“成都市十大爱情表白地”。

改造前

改造后

图 5-65　“北门里 · 爱情巷”改造前后对比

商圈消费产业场景的完美呈现，以爱情为主题的营销活动由商家逐步推出，“青春同路·心动晚餐”主题脱单相亲会，爱情主题电影放映、七夕集市、国庆节“家国情”等一系列活动受到市民追捧，街区可持续运营、管理、维护机制运转后劲有力。

微更新进展到目前，毗邻特色街区、持观望态度的上层名人酒店，随着商圈经营场景的显现，他们也按捺不住，主动申请实施裙楼和网红桥建设，呼应“北门里·爱情巷”特色街区，以产生区域化效应，带动相关产业可持续发展。由新华发行集团自主改造的集机动车停放和消费休闲为一体的商业综合体也即将准备实施，项目会结合爱情主题街区进行后期营造，既满足了院落居民停车需求，也解决了游玩消费市民停车难问题，同时在爱情主题街区也画上点睛之笔。

居民感受

张阿姨的“城市会客厅”是此次微更新中居民参与改造的典型（图 5-66）。张阿姨家住在街区的第一个院落第一栋楼的一楼，随着街区一天天变得越来越漂亮，张阿姨决定“开墙透绿”，自家院子直通街区。经有关部门审批同意，张阿姨将自己的住房改为了咖啡和茶室对外经营，院子栽种着各种各样的花花草草，池塘里还闲游着几尾锦鲤，台阶下沉处还晾晒着腊肉香肠……显得既有情调又有

图 5-66　张阿姨的“城市会客厅”

烟火气。茶屋的招牌由张阿姨儿子自己设计，她的丈夫则利用自己的摄影技能，在爱情巷呈现后，拍了很多家门口的照片，并在茶屋里办起摄影展，吸引周边群众、外来游客参访打卡，一家人把茶社经营得有声有色。曾有人问张阿姨“幸福是什么”，她满脸微笑道“幸福是面朝大海，春暖花开，也是窗前的树，门口的锦江河；幸福既是诗和远方，也是我家美丽的小院……”

陈嬢：“我喜欢跳舞，这次微更新将原来河边的洗车场打造了成‘凤求凰’剧场。剧场经常在周末开展戏剧、话剧、艺术沙龙、展览、肢体表演、音乐会等不同艺术表演，而且还专门为我们工人村的文艺队组织公益表演，让我们在家门口就享受高级的艺术演出，也让我们这群热爱艺术的队伍有幸可以走上高级的舞台，圆了自己的艺术梦。”

王阿姨：“街道上、公共场所，尤其是小区里，我们生活的环境变得更美了！垃圾分类更规范、楼道更整洁、设施更齐全、车辆停放也更有序了。这不仅让我们生活的环境变得更加美观舒适，也给街区带来了经济收入。以前我们这里环境不好，基础设施差，来这里游玩的人特别少，商户的生意差。现在改造后，来玩的人流量明显增大，商户的生意变好了，居民出租的房屋价格也增加了，大家都感到高兴。”

5.5.3 人文地标，温暖南墙

临近双流机场旁的双流区东升街道的广都社区，过去只是成都上千个普通的社区之一。如今的广都社区成了“网红地”，因一面 116m 长的墙成了社区的新名片，来往路过的行人总要驻足停留，更是吸引了不少人到此打卡留念。谁也想不到，这里曾是横亘在居民心里的一面“堵心墙”。

（1）缘起：聚焦社区问题，改造“堵心墙”

项目位于东升街道长顺横街和鸿都巷交会处，毗邻3号线双流广场地铁站，每天熙来攘往的行人和车辆经过这个路口，却无人驻足。因为有一面表面污损、墙体陈旧的墙横在这一街头转角，与周围的环境格格不入。2018年东升街道出台《全力推动东升高质量发展，建设高品质美丽和谐宜居生活社区“三年行动计划”》，吹响社区品牌特色建设号角，广都社区希望对这一公共空间进行改造升级的愿望得到东升街道的支持。针对居民反映的问题，在进一步了解情况后，社区党委希望借助这一社区微更新项目，挖掘自身特色，融入社会治理元素，确定主题定位，形成社区自己的“身份名片”。

“人文地标·温度南墙”是国栋南园五星城小区的一面围墙，在建设初期，就遭到邻近这面墙的住户的极力反对，住户认为这会对他们的生活造成影响。此时，该小区住户洛呷站了出来，作为小区业主，他主动与其他业主进行沟通交流，同时也为社区和小区业主搭建了沟通的桥梁，让更多的住户认识到这是在为小区以及周边居民提供一个娱乐休闲的场所，通过多次协调沟通，得到了他们的认可，居民的认可为“人文地标·温度南墙”的顺利打造奠定了坚实的基础。

（2）起航：招贤引智，多方参与

街角微更新项目作为多方利益的集合体，其背面商品房小区的经济利益、住建局和城管局的建筑指标、居民的参与和受益等，都牵扯每个人的心。在项目开启之初，大家对墙体怎么改、谁来改、改成什么样以及如何回应多方诉求等问题莫衷一是。于是，设计团队想到了引入“社区规划师”去探索去验证去实践。2018年年底，社区邀请本辖区新居民徐小淘以“社区规划师”的身份加入项目组，与其他社会组织力量一起“社计”这面墙。徐小淘邀请了部分具有艺术设计、文化创意等方面经验的朋友也加入此次微更新项目中，专业力量的介入既提升了设计品质，又增强了对各方主体的说服力。

（3）落定：修葺一新，“堵心墙”华变“聚心墙”

2019年9月，“人文地标·温度南墙”呈现在居民面前。24个民族的4.4万居民

图 5-67　文化墙改造后实景图

同胞在此安居乐业，在这里呈现了许多耳熟能详的身边人、身边事（图 5-67）。城市的文化因交流而多姿，因融合而厚重，经过大家的共同参与，“堵心墙”华变“聚心墙”。本次“人文地标 · 温度南墙”微更新项目，成为广都社区的一张闪亮新名片，为社区大众的美学欣赏打开了新的大门，也为文化（艺术）IP 赋能社区空间活力提供契机。此次改造行动，社区党组织、各族居民、社会组织、社区规划师在项目上共商、共建，是社区治理和居民自治的一个缩影。展望未来，还将不断完善社区发展治理体系和激发各居民主动参与的热情，社区搭平台，多方齐参与，画好民族融合“同心圆”继续把广都故事延续。

5.5.4　背街小巷变身花园美巷

邮源巷位于大邑县邮江镇邮源社区，全长 300m，共有 27 户 140 人居住于此，在改造前是一个典型的背街小巷。由于疏于管理，这里环境差，居民素质参差不齐，私搭乱建现象时有发生，公共空间受到严重挤压，是当地群众生活的痛点难点。社区党委为彻底改变这一现状，在充分征求群众意见的基础上，运用乡村美学设计理念，以微更新模式，实施环境提升工程，让邮源巷有土里土气的“乡味”、有新里新气的“美味”、有如数家珍的“文化味”。更新后的百米小巷为山区老场镇保护更新打开了新视野，走出了“以文聚力，以文化人，以文兴业”的新路径。

（1）找合适团队落地专业设计

①“新社区 + 原住民”找痛点。立足社区居民的现实需求，把社区微更新作为邮源巷改造重要举措、具体办法，聚焦巷子配套落后、私搭乱放、公共空间狭小、环境脏乱差等亟待解决的痛点难点，通过“政府 + 社区 + 居民”共建共治，先后数十次召开坝坝会、现场会进行协商沟通，使 27 户 140 余名社区居民达成改造共识。

②“新村民 + 老乡贤”话设计。确立了以生活化、烟火气的川西民居小巷更新为总目标，以乡村空间美学表达为总风格，以公共空间民宿化、景观景点可留影为设计原则，以多元参与为具体举措，聘请本地“黑子工作室”，现场驻守指导。针对文化挖掘难的问题，邀请本地乡贤代表与设计团队合作（图 5-68），把文化融入规划，实现“规划 + 文化”有机融合，解决规划空心化、文化落地难的问题。

（2）用温暖互动培育社区文明

①老旧物件捐赠带来归属感。针对群众私搭乱放杂物、公共空间狭小等问题，发动群众捐赠水缸、土陶罐、老门板等物件 500 余件，作为微更新原始材料进行活化利用，通过社区微更新，让新老居民重拾归属感，社区共建精神在充满温度的互动中得到诠释和传递。

②无偿腾退土地有了凝聚力。人均不足三分地的 7 户社区居民，在小巷党员户的示范带动下，由起初的不理解、不支持，到各退三尺，无偿腾退土地打通邮源巷道。通过社区微更新把党员群众拧成了一股绳，形成共建共治的强大合力。

③社工组织参与实现专业性。招引“心鑫”等社工组织挖掘古邮国文化、光绪帝师伍嵩生、清代状元骆成骧故事，编印《邮国记忆》手册。发挥社工组织作用，开展社区营造、公益服务，搭建起社区居民连心桥。

（3）以美学方式阐释邮源记忆

①物化展示在地文化。广泛征集老旧的拖拉机头、用于表彰的高压罐、发黄的公分墙等能展示邮江独特文化和乡愁的材料。通过群众“坝坝会”广泛征求意见，社区用田间的玉米棒装饰房檐，将红砂石板铺成“上班的路、回家的路”，将废弃的土炕修葺整理成儿时记忆

图 5-68　改造方案设计图

中的样子……这些物化展示让当地居民有了强烈的亲切感，静静诉说着乡村之美、邯源历史。

②一景一意增强趣味。老曾画廊“以家乡美”为主题展示邯源花巷的蝶变，以“状元残碑”展示帝师故里的厚重，以“公分白墙”为主题展示邯源历史的印记。整个小巷营造出了精致的故事性和富有层次感的游览体验（图 5-69）。

图 5-69　邯源巷更新前后对比

（4）以渐进更新实现共享初衷

①旧貌换新颜，群众得实惠。邯源社区自从邯源巷更新改造后，变得更加厚重和灵动，居民渐渐关注“家门口”小微公共空间品质提升和老旧建筑物活化利用（图 5-70），并逐渐提升个人修养和个人素质，私搭乱放、挤占公共空间的行为和环境脏乱差的现象已成为过去。

②场景带产业，乡村促振兴。2021 年，近 5 万游客来到邯源巷，他们回味儿时的记忆、乡土的气息、乡音的味道，在网红巷子中打卡留影。远方游客的纷至沓来让社区群众喜笑颜开，邯源这个川西山区老场镇正在用小变化、小改善、小更新不断满足居民群众对美好生活的向往，开启了变革的起航之路。

③机制促长效，陋习变新尚。为长效维护邯源巷的改造成果，由社区党委牵头，以群众需求为导向制定了巷子公约，成立了志愿者服务队。巷子公约的制定进一步提升社区自治水平；志愿者服务队主动参与到社区的管理与维护中来，共建共治共享成果不断得到巩固。70 多岁的社区居民曾老师说，这里以前脏乱差，现在和以前比起来简直是一个天上一个地下，游客从无到有，居民也得到了实惠。

邯源巷社区微更新项目充分发挥了党建引领作用，通过调动社区规划师、社区能人、社区居民等多元主体参与街巷改造，共同将一条老旧街巷打造为远近闻名的花园美巷，改善了人居环境，提升了生活品质，有力增强社区居民的归属感和幸福感。

图 5-70　邯源巷公共空间品质提升

图片来源

PICTURE SOURCE

第一章插图

图 1-1 ~图 1-2　编者自制

第二章插图

图 2-1~ 图 2-2　编者自制

图 2-3　Pixabay 图片网站

图 2-4　Pexels 图片网站，丽莎 · 福蒂奥斯（Lisa Fotios）拍摄

图 2-5　Pexels 图片网站，吉米 · 特奥（jimmy teoh）拍摄

图 2-6　编者自制

图 2-7　Unsplash 图片网站，葛达菲 · 鲁斯利（Gaddafi Rusli）拍摄

图 2-8　Unsplash 图片网站

图 2-9　Pexels 图片网站，凯利（Kelly）拍摄

第三章插图

图 3-1 左上　Unsplash 图片网站，朱迪 · 马克（Jude Mack）拍摄

图 3-1 右上　Pixabay 图片网站，卡特贝拉斯基（katiebellaschi）拍摄

图 3-1 下　Pixabay 图片网站，安迪格林（Andygreen）拍摄

图 3-2　Unsplash 图片网站，雄心勃勃的工作室 - 里克 · 巴雷特（Ambitious Studio - Rick Barrett）拍摄

图 3-3　Unsplash 图片网站，托亚 · 赫夫提巴（Toa Heftiba）拍摄

图 3-4　Pexels 图片网站，加里森 · 高（Garrison Gao）拍摄

图 3-5　Colorhub 图片网站，拉斐尔 · 高（Raphael Koh）拍摄

图 3-6　Pixabay 图片网站

图 3-7　编者自制

图 3-8 左　Colorhub 图片网站，威姆坎通（wimkantona）拍摄

图 3-8 右　Colorhub 图片网站，斯科特 · 韦伯（Scott Webb）拍摄

图 3-9　Pexels 图片网站，汤姆 · 达比（Tom D'Arby）拍摄

图 3-10~ 图 3-12　编者根据相关文献绘制

图 3-13　编者自摄

图 3-14　林昱池拍摄

第四章插图

图 4-1~ 图 4-21　出自成都市规划设计研究院《居民日常生活行为特征及社区公共空间优化研究》《社区治理背景下玉林片区微更新规划研究》

图 4-22~ 图 4-40　出自成都市规划设计研究院《成都市城市剩余空间更新规划设计导则》《成都市公园城市街道一体化设计导则》《成都市公园城市河道一体化规划设计导则》

第五章插图

图 5-1　新都区桂湖街道新桂东社区提供

图 5-2~ 图 5-4　邛崃市临邛街道考棚社区提供

图 5-5~ 图 5-7　天府新区华阳街道安公社区提供

图 5-8~ 图 5-11　青白江区大同街道一心社区提供

图 5-12~ 图 5-14　锦江区牛市口街道路南社区提供

图 5-15~ 图 5-17　锦江区锦华路街道晨辉社区提供

图 5-18~ 图 5-19　新都区桂湖街道新桂东片区提供

图 5-20~ 图 5-22　成华区二仙桥街道下涧槽社区提供

图 5-23~ 图 5-25　青羊区草堂街道小关庙社区提供

图 5-26~ 图 5-29　金牛区驷马桥街道工人村社区提供

图 5-30~ 图 5-32　成华区青龙街道昭青路社区提供

图 5-33~ 图 5-34　郫都区郫筒街道奎星楼社区提供

图 5-35~ 图 5-38　蒲江县鹤山街道齐心社区提供

图 5-39~ 图 5-41　双流区黄水镇白塔社区提供

图 5-42~ 图 5-43　成华区府青路街道怡福社区提供

图 5-44~ 图 5-46　温江区公平街道长安路社区提供

图 5-47　金堂县官仓街道红旗村提供

图 5-48~ 图 5-50　高新区芳草街街道蓓蕾社区提供

图 5-51~ 图 5-53　蒲江县朝阳湖镇仙阁村提供

图 5-54~ 图 5-57　锦江区成龙路街道提供

图 5-58~ 图 5-62　武侯区玉林街道玉北社区提供

图 5-63~ 图 5-66　金牛区驷马桥街道工人村社区提供

图 5-67　双流区东升街道的广都社区提供

图 5-68~ 图 5-70　大邑县邮江镇邮源巷社区提供

参考文献

REFERENCE

[1] 钱征寒，牛慧恩．社区规划：理论、实践及其在我国的推广意义 [J]．城市规划学刊，2007（4）:74-78.

[2] 黄瓴，罗燕洪．社会治理创新视角下的社区规划及其地方途径 [J]．西部人居环境，2014（5）：13-18.

[3] 莫文竞，夏南凯．基于参与主体成熟度的城市规划公众参与方式选择 [J]．城市规划学刊，2012（4）：79-85.

[4] 姜雷，陈敬良．作为行动过程的社区规划：目标与方法 [J]．城市发展研究，2011（6）：13-17.

[5] 徐磊青，宋海娜，黄舒晴，等．创新社会治理背景下的社区微更新实践与思考：以 408 研究小组的两则实践案例为例 [J]．城乡规划，2017（4）：43-51.

[6] 管娟．上海中心城区城市更新运行机制演进研究 [D]．上海：同济大学，2008.

[7] 王承慧．走向善治的社区微更新机制 [J]．规划师，2018（2）：5-10.

[8] 张鑫，任云英．近十年国内外社区微更新研究的进展综述 [M]// 中国城市规划学会．面向高质量发展的空间治理：2021 中国城市规划年会论文集．北京：中国建筑工业出版社，2021：217-227.

[9] 一木．艺术再造社区：韩国著名壁画村 [J]．公共艺术，2015（2）：20-33.

[10] 高沂琛，李王鸣．日本内生型社区更新体制及其形成机理：以东京谷中地区社区更新过程为例 [J]．现代城市研究，2017（5）：31-37.

[11] 洪亮平，赵茜．走向社区发展的旧域更新规划：美日旧城更新政策及其对中国的启示 [J]．城市发展研究，2013，20（3）：21-24，28.

[12] 丑冰钦，许乙青．基于马斯洛需求层次理论的社区改造实践：以长沙市英才园微更新项目为例 [M]// 中国城市科学研究会．2017 城市发展与规划论文集．北京：中国城市出版社，2017：1-6.

[13] 刘彬，吕贤军，古杰．人本视角下城市微更新规划研究：以益阳市康富片区为例 [J]．城市学刊，2018（3）：87-92.

[14] 严铮．挖掘文化底蕴、打造特色社区："有机更新"理念下的傅厚岗社区更新规划刍议 [J]．中外建筑，2013（3）：84-87.

[15] 左进，孟蕾，李晨，等．以年轻社群为导向的传统社区微更新行动规划研究 [J]．规划师，2018（2）：37-41.

[16] 叶炜. 英国社区自助建设对我国社区更新的启示 [J]. 规划师，2006（3）：61-63.

[17] 单瑞琦. 社区微更新视角下的公共空间挖潜：以德国柏林社区菜园的实施为例 [J]. 上海城市规划，2017（5）：77-82.

[18] 李锡坤. “有机更新”下的老旧社区“微更新”模式研究 [J]. 安徽工业大学学报（社会科学版），2018（3）：37-39.

[19] 黄瓴，沈默予. 基于社区资产的山地城市社区线性空间微更新方法探究 [J]. 规划师，2018（2）：18-24.

[20] 中共成都市委城乡社区发展治理委员会，成都市规划和自然资源局，成都市规划设计研究院. 成都市城乡社区发展治理总体规划探索与实践 [M]. 成都：四川人民出版社，2021.

[21] 成都市规划和自然资源局，成都市规划设计研究院. 成都少城有机更新规划实践 [M]. 成都：四川人民出版社，2020.

[22] 司马晓，岳隽，杜雁，等. 深圳城市更新探索与实践 [M]. 北京：中国建筑工业出版社，2019.

[23] 浙江省发展和改革委员会，浙江省发展规划研究院. 未来社区·浙江的理论与实践探索 [M]. 杭州：浙江大学出版社，2019.

[24] 上海城市公共空间设计促进中心. 社区微更新的上海实践 [M]. 上海：文汇出版社，2021.

[25] 同济大学建筑与城市空间研究所，株式会社日本设计. 东京城市更新经验：城市再开发重大案例研究 [M]. 上海：同济大学出版社，2019.

[26]YOU 成都. 像成都人那样生活：成都社区漫游指南 [M]. 成都：时代出版社，2021.

[27] 程颖馨，徐磊青 . 上海老旧社区微更新中多元参与机制优化研究：以浦东新区四个社区微更新案例为例 [J]. 住宅科技，2021（6）：48-54.

[28] 赵波 . 多元共治的社区微更新：基于浦东新区缤纷社区建设的实证研究 [J]. 上海城市规划，2018（4）：37-42.

[29] 张宇星 . 趣城：从微更新到微共享 [J]. 城市环境设计，2017（2）：228-231.

[30] 张宇星 . 深圳漫谈：梦想、矛盾与未来 [J]. 建筑实践，2020（11）：30-39.

图书在版编目（CIP）数据

成都社区微更新探索与实践 / 中共成都市委城乡社区发展治理委员会，成都市规划设计研究院著．—北京：中国建筑工业出版社，2023.10
ISBN 978-7-112-28828-1

Ⅰ.①成… Ⅱ.①中… ②成… Ⅲ.①社区—城市空间—建筑设计—研究—成都 Ⅳ.① TU984.11

中国国家版本馆CIP数据核字（2023）第112572号

责任编辑：毋婷娴　焦　阳
责任校对：王　烨

成都社区微更新探索与实践
中共成都市委城乡社区发展治理委员会
成都市规划设计研究院
著
*
中国建筑工业出版社出版、发行（北京海淀三里河路 9 号）
各地新华书店、建筑书店经销
北京海视强森文化传媒有限公司制版
北京富诚彩色印刷有限公司印刷
*
开本：787 毫米 × 1092 毫米　1/16　印张：12　字数：210 千字
2023 年 12 月第一版　2023 年 12 月第一次印刷
定价：**139.00** 元
ISBN 978-7-112-28828-1
（41223）